PETITE

ENCYCLOPÉDIE POPULAIRE

DES SCIENCES

ET DE LEURS APPLICATIONS

LA NEIGE, LA GLACE ET LES GLACIERS

PETITE ENCYCLOPÉDIE POPULAIRE

DES SCIENCES ET DE LEURS APPLICATIONS

Par Amédée GUILLEMIN

17 volumes contenant un grand nombre de figures.
Prix de chaque volume : broché, 1 fr. 25 ;
cartonné percaline, 1 fr. 75.

EN VENTE :

COULOMMIERS. — Imp. PAUL BRODARD.

PETITE ENCYCLOPÉDIE POPULAIRE

PAR AMÉDÉE GUILLEMIN

LA NEIGE, LA GLACE

ET LES GLACIERS

OUVRAGE

ILLUSTRÉ DE 74 FIGURES

PARIS

LIBRAIRIE HACHETTE ET Cie

79, BOULEVARD SAINT-GERMAIN, 79

1891

INTRODUCTION

I

La chute de la neige, qui est un simple épisode des hivers de notre zone tempérée où parfois elle fait défaut, qui est à peu près inconnue dans toute la zone torride, est un phénomène sinon journalier, du moins très fréquent dans deux régions du globe qu'on peut définir en deux mots : *hautes latitudes, hautes altitudes*. La neige est en effet permanente, aussi bien dans les régions polaires, arctiques et antarctiques, que sur les sommets des hautes montagnes. Alors même qu'elle n'y tombe pas, elle y séjourne d'une façon si constante que le sol en reste pour ainsi dire perpétuellement couvert, d'où la dénomination impropre de *neiges éternelles* ou encore celle de *neiges persistantes*. On verra plus loin ce qu'il faut penser de cette perpétuité ; bornons-nous ici à dire un mot du rôle que joue la neige dans l'économie du globe, et de la part qu'elle prend au phénomène de la circulation des eaux à la surface de la planète.

La vie terrestre, tant végétale qu'animale, exige pour être entretenue, personne ne l'ignore, un certain degré d'humidité, soit des couches d'air les plus voisines du sol, soit du sol même que ces couches surplombent. Là où la sécheresse du sol concorderait un certain temps avec celle de l'atmosphère, ni les animaux ni les plantes ne sauraient vivre; c'est d'ailleurs un fait d'expérience, ainsi que le prouve l'existence des déserts où ces conditions sont sinon absolument du moins partiellement réalisées.

L'humidité de l'air et du sol est donc une des conditions essentielles de la vie. En y joignant un degré convenable de température, on peut dire que la fertilité d'un pays se mesure à l'abondance des eaux dont il est arrosé. Il reste, à savoir comment, dans la nature, s'obtient l'entretien de cet état plus ou moins normal de l'humidité dans une région quelconque du globe. Divers éléments y concourent; mais, en résumé, tout se réduit à un échange continu entre le grand réservoir des eaux terrestres et le sol, par l'intermédiaire de l'enveloppe aérienne commune, de l'atmosphère. Sous l'influence de la radiation solaire, de la chaleur que cette radiation communique aux couches liquides de l'Océan, à toutes les latitudes, mais surtout entre les tropiques, une abondante évaporation se fait à la surface des eaux. Le contre-courant des alisés entraîne les couches d'air saturé de vapeur vers les pôles dans une direction oblique aux méridiens; peu à peu ces vapeurs, invisibles d'abord tant que les couches d'air où le vent les amène ne se trouvent pas elles-mêmes saturées par cet apport, se condensent en nuages, refroidies à la fois par la dilatation qui résulte de leur ascension sur les continents ou par leur éloignement progressif de l'équateur. Ou bien encore, entraînées dans les mouvements tourbillonnaires qui prennent leur origine aux basses latitudes, pour aller, en traversant l'Océan, s'épancher sur les continents, ces masses de vapeurs se résolvent le plus souvent en pluies, tantôt à la surface même de la mer, tantôt sur les terres. Suivant les saisons d'ailleurs et la température des régions où elles se précipitent, les eaux météoriques affectent des formes diverses. Quand cette température, à l'altitude où se trouvent les nuages, est supérieure à zéro, c'est la pluie; plus basse, c'est le grésil, la grêle, la neige. Une autre forme de précipitation, précieuse pour les végétaux dans les lieux où le ciel reste longtemps serein, est la rosée, née du froid qu'engendre la radiation nocturne, à une condition toutefois, c'est que l'air renferme une quantité suffisante de vapeur [1].

Une portion considérable des eaux précipitées de l'atmosphère retourne directement au réservoir commun, la mer. Quant à l'autre partie qui arrose les terres, îles et continents, elle n'effectue son retour qu'après avoir suivi des chemins de longueurs très variables et après des intervalles de temps plus ou moins grands. Tantôt elle circule à la surface, tantôt elle imbibe le sol à une faible profondeur, tantôt enfin elle pénètre au sein des couches terrestres plus profondes, où elle a pu s'infiltrer grâce à des fissures du sol. Les rivières et les fleuves sont un premier réseau qui conduit de proche en proche à la mer les eaux tombées sous forme de pluie ou de neige, et trop abondantes pour être absorbées par la mince couche arrosable; les eaux souterraines, de leur côté, contribuent à cette circulation et à cet arrosage en alimentant les sources qui naissent de leur affleurement à un niveau inférieur. Pour faire une énumération complète des phénomènes constituant cette circulation continue, il ne faut pas oublier que l'humidité du sol contribue aussi à celle des couches d'air, par l'évaporation dont il est le siège incessant, de sorte que le cycle du retour à la mer peut être divisé en plusieurs phases selon les vicissitudes du temps, la température, la

1. Cela dépend le plus souvent de la direction du vent régnant et de la proximité de la mer. Dans le delta du Nil, où il ne pleut jamais en été, rarement dans le reste de l'année, c'est l'inondation du fleuve qui fournit la terre d'eau; mais en dehors de cette inondation l'abondance des rosées suffit à la végétation. « Les melons d'eau, dit Volney, connus à Marseille sous le nom de *pastèques*, du mot arabe *battik*, en sont une preuve sensible; car souvent ils n'ont au pied qu'une poussière sèche; et cependant leurs feuilles ne manquent pas de fraîcheur. Ces rosées ont de commun avec les pluies qu'elles sont plus abondantes vers la mer (quand soufflent les vents du nord et de l'ouest), et plus faibles à mesure qu'elles s'en éloignent; et elles en diffèrent en ce qu'elles sont moindres l'hiver et plus fortes l'été. A Alexandrie, dès le coucher du soleil, en avril, les vêtements et les terrasses sont trempés comme s'il avait plu. »

pression barométrique, les vents, etc. Cette complexité
n'ôte rien à la réalité de cette merveilleuse circulation des
eaux, de l'Océan à l'air et aux terres, de celles-ci à l'Océan
par les rivières et les fleuves, sous l'influence de deux
grandes forces naturelles, la chaleur du soleil et la pesanteur terrestre. Voyons maintenant quel rôle jouent les
neiges dans ce mouvement périodique.

A ce point de vue, ce qui distingue surtout de la pluie
l'eau tombée sous forme solide, flocons de neige, grains de
grésil, c'est la durée de son séjour sur le sol. Tout le
monde sait que si, au moment de la chute, le sol et l'air
ambiant sont à une température supérieure à zéro (ce qui,
dans nos climats, arrive fréquemment à la fin de l'automne
ou au début du printemps), les flocons de neige fondent dès
qu'ils touchent le sol, et en ce cas la neige se comporte comme
la pluie. Mais si la terre est gelée, si l'air lui-même est
à zéro ou à une température un peu inférieure, les flocons
s'accumulent et finissent par recouvrir le sol d'une couche
dont l'épaisseur varie avec la durée et l'abondance de la
chute. Tant que le froid persiste, cette couche demeure,
s'affaisse en devenant plus compacte et ne subit d'autre
diminution que celle qui est due à l'évaporation ou au
commencement de fusion provoqué par le rayonnement
solaire. En certaines régions, la neige persiste ainsi pendant des mois entiers ou même ne fond qu'au retour du
printemps. Cette persistance caractérise les pays de montagnes, ou les plaines des climats continentaux, là où les
courants aériens de la mer ne parviennent qu'après s'être
refroidis par un long parcours sur les terres congelées.
Dans les régions soumises au climat marin, les vents chauds
venus de l'Océan déterminent la fusion de la couche neigeuse et limitent sa durée.

Les agriculteurs s'accordent à considérer comme bien-
faisante cette persistance des couches de neige à la surface
des parties cultivées de la montagne ou de la plaine : elle
sert à maintenir les végétaux qu'elle recouvre à une température plus élevée que celle de l'air extérieur; elle les
garantit comme un manteau protecteur contre les atteintes

d'un froid extrême. Elle les met surtout à l'abri du rayonnement, qui est le principal facteur des basses températures du jour et de la nuit, notamment quand le ciel est serein.

La permanence des couches de neige sur le sol est intéressante à un autre point de vue. En suspendant le mouvement de l'eau ainsi emmagasinée, en retardant son retour à la mer par les voies fluviales, elle prolonge chaque année, pour une période plus ou moins longue, l'arrosage des terres dans le bassin que ces couches neigeuses recouvrent. Les pluies, au contraire, surtout les pluies abondantes s'écoulent avec rapidité, entraînant avec elles les parties les plus fertiles des terres, laissant le plus souvent la région ainsi lavée et appauvrie dans le même état de sécheresse qu'auparavant. Quelquefois des inondations en sont la conséquence; mais, de ce côté, la fusion rapide des neiges au printemps amène le même fléau, le lit des cours d'eau n'étant pas assez grand pour débiter les torrents de neige fondue qui leur arrivent des montagnes. Les phénomènes naturels, on le voit, accomplissent quand même leur œuvre, mélangée pour nous de bien et de mal, sans souci de leurs conséquences.

Quoi qu'il en soit, la neige (et l'on peut en dire autant de la glace qui maintient emprisonnées les eaux courantes) sert de modérateur ou de régulateur, comme on voudra, au phénomène de l'arrosage des terres par la circulation des eaux. Elle alimente les rivières et les fleuves à des époques de l'année où les pluies devenues moins fréquentes et les sources, sinon taries, moins abondantes du moins, risqueraient de les laisser à sec. Cela est vrai surtout des neiges de montagnes, parce que leur fusion y est plus tardive que dans les plaines, à raison de la température relativement plus basse des lieux élevés. Mais ce rôle est accompli d'une façon encore plus marquée par les glaciers, ces produits des champs de neige des sommets alpestres.

II

La masse de neige transformée en glace qui constitue un *glacier*, quasi immobilisée au revers des sommets couverts de neiges éternelles, n'est immobile qu'en apparence, ainsi que nous en verrons bientôt les témoignages. En réalité, elle se meut avec une lenteur qui se mesure par des années, elle descend des hauteurs où la température maintient les neiges au-dessous du point de fusion pour aboutir à la longue en un point où la chaleur habituelle de l'air ne lui permet plus de conserver l'état solide et où l'eau qui en résulte, jointe à celle que la radiation solaire a produite sur tout son parcours, forme une source d'abondance variable. Ainsi prennent naissance, au pied même du glacier, des cours d'eau parfois assez importants pour former dès l'origine des fleuves comme le Rhône, le Rhin, ou tout au moins pour alimenter par leur réunion des ruisseaux et des rivières qui deviennent des fleuves. Dans l'ancien comme dans le nouveau continent, les massifs montagueux dont l'altitude est suffisante pour comporter l'existence des neiges permanentes, sont généralement des centres d'où divergent ou rayonnent des systèmes fluviaux d'une grande importance, qui fécondent, en les arrosant, les contrées comprises entre ces massifs et l'Océan. Beaucoup, parmi ces cours d'eau, sont tributaires des glaciers, soit que leurs sources en sortent immédiatement, soit qu'ils reçoivent l'eau d'affluents ayant cette même origine. Nous avons déjà nommé le Rhin, le Rhône, en Europe, auxquels il faut joindre le Danube. Une semblable origine donne naissance, en Asie, au Gange, aux fleuves indo-chinois; en Afrique, au Nil, au Zambèze, au Congo; en Amérique, au Mississipi, à l'Orégon, au fleuve des Amazones.

Les hautes montagnes paraissent jouer, dans l'appareil de la circulation des eaux à la surface du globe, le rôle de condensateurs puissants de la vapeur d'eau atmosphérique. La basse température qui règne à de telles altitudes donne lieu

Fig. 1. — Le Grand Glacier, dans les montagnes Rocheuses.

à d'abondantes et incessantes chutes de neige quand les courants aériens, venus de l'Océan, arrivent jusque-là, par une ascension graduelle. Les neiges ainsi accumulées, au lieu de fondre rapidement, demeurent, s'agrègent, se transforment en fleuves de glace et ne se résolvent qu'avec lenteur en eau liquide; les glaciers sont ainsi, en même temps que des sources permanentes, des réserves pour l'alimentation des rivières, des régulateurs de la circulation générale [1].

III

Comme nombre d'autres curiosités naturelles, d'un accès difficile, les glaciers sont restés longtemps ignorés, du moins connus des seuls montagnards, leurs voisins. Il n'y a guère plus d'un siècle que, grâce à Saussure et à quelques savants, les touristes se sont hasardés à visiter les principaux glaciers de Suisse et de Savoie. Avant l'illustre Genevois,

1. « La distribution de l'humidité, dit Helmholtz, dans une contrée qui contient des champs de neige et des glaciers, présente des caractères particuliers. Tout d'abord l'humidité est plus abondante, parce que l'air humide qui passe au-dessus des glaciers y dépose, sous forme de neige, l'eau qu'il contient. En second lieu, c'est en été que la neige fond le plus rapidement, de sorte que les sources alimentées par les champs de neige coulent avec le plus d'abondance précisément dans la saison pendant laquelle le besoin d'eau se fait le plus sentir.

« C'est des glaciers que proviennent ces mille petits filets, sources et ruisseaux, dont l'humidité fertilisante permet aux laborieux habitants des Alpes d'arracher aux flancs sauvages des montagnes l'herbe savoureuse et des aliments en abondance. Ce sont les glaciers qui engendrent, sur la surface comparativement petite de la chaîne des Alpes, les fleuves les plus puissants, le Rhin, le Rhône, le Pô, l'Etsch, l'Inn, qui traversent l'Europe en sillonnant des centaines de lieues de larges vallées fertiles, pour aller se jeter dans la mer du Nord, dans la Méditerranée, dans la mer Adriatique et dans la mer Noire. »

que nous venons de citer, ils avaient été, il est vrai, décrits par un autre naturaliste suisse, Scheuchzer, dans les *Itinera alpina*, mais d'une manière imparfaite. En 1753, Altman, après avoir visité le glacier de Grindelwald, publia son *Traité des montagnes glacées et des glaciers de la Suisse*, où l'on trouve des détails circonstanciés et assez exacts, mais aussi, comme on devait s'y attendre, des vues erronées sur le mode de formation des glaciers. A cette époque, les moyens d'exploration des hauts sommets étaient insuffisants et n'avaient probablement pas permis à ce savant d'atteindre l'altitude convenable pour juger des choses *de visu et tactu*. Au lieu de champs de neige qui sont, comme on le sait maintenant, le point de départ des glaciers, il imagina de véritables lacs d'eau glacée d'une immense étendue, dont la surface était unie comme un miroir et que bordaient des pyramides de glace; c'étaient les réservoirs d'où descendaient les glaciers.

A peu près à la même époque, un médecin de Zurich, le Dr Langhans, visita et décrivit le glacier de l'Aar, dans les Alpes bernoises, et des voyageurs anglais découvrirent la Mer de Glace, près de Chamounix, depuis si célèbre par les descriptions qui en ont été faites et les innombrables visiteurs qui se sont aventurés à sa surface.

Un de nos savants compatriotes, M. Ch. Martins, a fait ressortir d'une façon saisissante l'état d'ignorance où l'on était encore en Europe au dernier siècle vis-à-vis des magnificences naturelles que recélait le massif des Alpes et dont les glaciers sont certainement parmi les plus remarquables. Voici le passage auquel nous venons de faire allusion :

« Jusqu'au milieu du siècle dernier, dit-il, le massif central des Alpes n'existait que pour ses habitants; ceux de la plaine n'y pénétraient jamais. L'absence ou la difficulté des chemins, qui n'étaient que des sentiers, le manque d'hôtelleries, la crainte de l'imprévu, l'emportaient sur la curiosité. Située au pied du mont Blanc, appelée alors la *montagne maudite*, la vallée de Chamounix était inconnue aux populations des bords du lac Léman, quoique le prieuré où couvent de bénédictins existât depuis 1090, et que les évêques de Genève le visitassent dès le milieu du xve siècle. L'un d'eux, François de Sales, y arriva le 30 juillet 1606 et y resta plusieurs jours. Néanmoins, c'est un voyageur anglais célèbre par ses pérégrinations en Orient, Richard Pococke, accompagné de Windham, un de ses compatriotes, qui a réellement découvert la vallée de Chamounix en 1741, fait connaître ses beautés, et dissipé les craintes ridicules qu'inspirait la prétendue barbarie des habitants. Trop préoccupés cependant des récits absurdes et mensongers débités avec assurance pour les détourner de leurs projets, Pococke et Windham s'entourèrent de précautions inutiles, n'entrèrent dans aucune maison, et campèrent assez loin du prieuré de Chamounix, près d'un bloc erratique qui se nomme encore la *pierre des Anglais*. La vallée de Chamounix a donc été découverte par un étranger, mais ce sont des Genevois, Bourrit, Saussure, Pictet, et Deluc, qui la firent réellement connaître. Ce qui est vrai des alentours du mont Blanc l'est encore plus de ceux du mont Rose, et même des Alpes bernoises et valaisannes. On ne connaissait, à l'époque dont nous parlons, que les passages fréquentés qui conduisent en Italie : le mont Cenis, le grand et le petit Saint-Bernard, le mont Moro, le Simplon, le Saint-Gothard, le Splügen, le Bernardin, le Septimer, ou bien les autres cols par lesquels les vallées longitudinales des Alpes communiquent entre elles, la Gemmi, le Grimsel, le Juliers, l'Albula, le Panix, etc. Les voyages du naturaliste Scheuchzer, les ouvrages descriptifs d'Altman et de Grüner, révélèrent la Suisse à l'Europe au commencement du xviiie siècle; mais ce ne fut qu'à la fin de ce siècle que les travaux de Saussure et de Bourrit la rendirent populaire. Depuis cette époque le flot de voyageurs qui la visitent chaque année a sans cesse grossi. Actuellement, la Suisse est un parc sillonné par des chemins de fer et des bateaux à vapeur; le voyageur pédestre a disparu de la plaine et ne se retrouve que dans la montagne. »

Depuis l'époque où l'éminent naturaliste écrivait ces

lignes, des sociétés d'alpinistes se sont formées et l'exploration des hauts sommets a pris une extension considérable. Dans un but d'entraînement hygiénique, autant que pour recueillir des impressions et quelquefois même des données scientifiques, des milliers de touristes parcourent chaque année les montagnes, escaladent les pics, les cols, visitent les glaciers et ajoutent ainsi aux connaissances que l'on possède déjà sur ces merveilleuses formations des cirques alpestres.

Mais le cercle de ces recherches était déjà bien autrement élargi par les expéditions des marins dans la véritable patrie des glaciers, j'entends les terres polaires, les régions arctiques et antarctiques. Là le phénomène, ainsi que nous le verrons plus loin, prend des proportions gigantesques. L'appareil glaciaire y joue un rôle d'une importance capitale pour la circulation des eaux de l'équateur aux deux pôles. La neige et la glace s'y montrent comme des facteurs essentiels de cet échange incessant entre les diverses zones dont notre planète est composée, zones dont l'existence est d'ailleurs une conséquence immédiate des mouvements que la Terre exécute chaque année autour du Soleil.

Nous n'insisterons pas plus longuement sur l'importance du rôle que jouent la glace et la neige dans l'économie de la nature : c'est le sujet même de cet ouvrage. Nous allons donc entrer en matière. Notre première partie sera consacrée à l'étude physique de l'eau à l'état solide, puis à la description des contrées de la Terre considérées sous l'unique rapport de la distribution des glaces et des neiges à leur surface. La seconde partie aura pour objet les glaciers. Nous aurons à faire de larges emprunts aux voyageurs et aux géographes qui ont décrit ce qu'ils ont vu ou contrôlé : c'est la seule façon de rendre avec exactitude la physionomie des régions où nous conduirons le lecteur. Nos autorités, que d'ailleurs nous citons toujours, sont les Élisée Reclus, les Ch. Martins, les Schlagintweit, Nordenskiöld, Ch. Grad, Tyndall, Ch. Rabot, etc. Ce n'est que justice de rendre à chacun ce qui lui est dû.

LA NEIGE, LA GLACE,
ET LES GLACIERS

PREMIÈRE PARTIE

LA NEIGE ET LA GLACE

CHAPITRE I

L'EAU SOUS SES TROIS ÉTATS A LA SURFACE DU GLOBE

I

Évaporation, ébullition de l'eau. — Les nuages de neige et de glace.

L'eau est une substance si communément répandue dans la nature, que chacun de nous en connaît ou au moins croit en connaître les propriétés. Nous constatons un certain nombre de ces propriétés par nos observations personnelles et journalières, d'autres nous ont été révélées par les chimistes et par les physiciens, et celles-ci sont le fruit de recherches et d'expériences qui ne datent pas d'un grand nombre d'années. Aussi n'est-il pas inopportun de les rappeler à la mémoire de ceux de nos lecteurs qui pour-

1

raient les avoir oubliées, sinon totalement, du moins
en partie. Nous allons le faire brièvement; mais il est
bien entendu que ce que nous allons dire se rapporte à l'eau pure, à l'eau débarrassée de toute matière étrangère, telle qu'on l'obtient par exemple
quand, après distillation, on recueille le liquide au
sortir de l'alambic.

Pour les Anciens, l'eau était un élément, l'un des
quatre éléments qui selon eux constituaient tous les
corps terrestres. Mais pour les chimistes modernes,
du moins depuis Lavoisier et Cavendish, c'est un
composé de deux gaz, l'oxygène et l'hydrogène :
2 atomes de ce dernier unis à 1 atome du premier
donnent naissance, sous l'influence d'une étincelle
électrique, à 1 molécule d'eau. Mais, je le répète, cette
composition est celle de l'eau distillée. A la surface
du globe, l'eau, quelle qu'en soit l'origine, eau de
pluie, de source, de rivière, de puits, eau de la mer,
n'est jamais pure. Elle renferme, en dissolution, de
nombreuses substances étrangères, des gaz, des sels,
des matières organiques, etc., en nombres et en proportions qui varient avec l'origine, les circonstances,
les accidents. Cette variété de composition a une
grande importance au point de vue non seulement
des usages de l'eau pour l'homme, mais aussi de ses
propriétés et des phénomènes naturels qui en résultent. Nous aurons souvent l'occasion d'insister sur
ce dernier point.

Les transformations de l'eau, ses passages continuels de l'état liquide soit à l'état de vapeur, soit à
l'état solide, sont un sujet d'incessantes observations
pour qui se donne la peine de regarder, ou mieux
d'étudier ce qui se passe autour de lui : l'art y trouve
son profit comme la science. Voyons d'abord dans
quelles conditions a lieu le passage à l'état gazéiforme
de l'eau liquide.

Il y a une chose que tout le monde sait, c'est qu'à l'air libre elle se réduit spontanément en vapeur. Qu'on mette au fond d'un vase une certaine quantité d'eau et qu'on l'expose à l'air : on la voit peu à peu diminuer de volume, et, selon l'épaisseur du liquide, l'état de sécheresse ou la température plus ou moins élevée de l'air, au bout d'un certain temps l'eau a complètement disparu. Dans une atmosphère saturée d'humidité, l'évaporation spontanée dont nous parlons est nulle; plus l'air est sec, plus au contraire elle est abondante, et l'action directe des rayons solaires a naturellement pour effet de l'accélérer.

Sur un feu ardent, la transformation de l'eau en vapeur commence par la partie du liquide qui touche le fond du vase; on sait qu'alors les bulles de vapeur, en s'élevant à la surface, produisent le bouillonnement connu sous le nom d'*ébullition*. Ce que nous devons retenir du phénomène, c'est la loi en vertu de laquelle, pour une pression extérieure donnée, l'ébullition a toujours lieu à la même température du liquide et de sa vapeur, et cette température reste constante tant qu'il reste une portion de liquide à vaporiser. Je n'apprendrai rien à personne en rappelant que l'ébullition a lieu à 100° si le baromètre marque 760 mm., que, la pression augmentant, la température d'ébullition monte aussi, et que si le baromètre descend, il en est de même de cette température. Cette loi a une application qu'on nous permettra de signaler. Comme la pression 760 représente la pression moyenne au niveau de l'Océan, c'est à ce niveau que l'ébullition de l'eau exige une température de 100 degrés centigrades. Si l'on s'élève au-dessus, si l'on gravit une montagne, on verra la pression diminuer (d'où l'emploi du baromètre pour la mesure des hauteurs). Mais on verra également diminuer la température à laquelle l'ébullition de l'eau a lieu, de sorte qu'au lieu de baromètre, on pourra se servir du thermomètre pour mesurer l'altitude, si l'on a soin d'emporter de quoi obtenir cette ébullition [1].

L'eau n'est pas le seul liquide dont la transformation en vapeur se fasse suivant les lois ci-dessus notées; mais c'est le seul qui joue, par son évaporation spontanée, un rôle aussi important dans la météorologie de notre planète; si l'on songe à l'immense nappe liquide formée par l'Océan, à la masse d'eau qui constitue les lacs, les étangs, les rivières, et qu'augmentent encore les terres imprégnées d'humidité, on comprend aisément que l'évaporation qui se fait jour et nuit à la surface de la Terre, est une des

1. L'expérience prouve que sur les montagnes l'eau bout à moins de 100°. Saussure a trouvé 86° pour la température de l'ébullition de l'eau au sommet du mont Blanc : la hauteur du baromètre n'était alors que de 434 millimètres. Bravais et Martins ont fait des expériences semblables aux Grands Mulets, sur les flancs du même mont : l'eau bouillait à 90° sous une pression de 529 millimètres. Ils ont trouvé pour la température de l'ébullition au sommet du mont Blanc 84°,4 pour une pression barométrique de 424 millimètres. Au sommet du mont Rose, Tyndall a trouvé que l'eau bouillait à 84°,95. A Mexico, la température de l'ébullition est de 92°. A Paris, au premier étage de l'Observatoire, à l'altitude de 65 mètres au-dessus du niveau de la mer, l'eau bout à 99°,7. En un mot, le point d'ébullition va en s'élevant quand l'altitude décroît. Comme d'ailleurs, en chaque point d'une altitude donnée, la pression du baromètre est variable, il en est de même du point d'ébullition. De tout cela on doit conclure que l'ébullition de l'eau n'est pas nécessairement une preuve de la grande élévation de sa température, puisque la température du point d'ébullition s'abaisse en même temps que la pression extérieure. Dans les pays dont l'altitude est considérable, l'eau bouillante ne permettrait que difficilement, imparfaitement certaines opérations culinaires. « A Londres, dit Tyndall, on assure que, pour faire du thé parfait, l'eau bouillante (à 100°) est absolument nécessaire. S'il en est ainsi, on ne pourrait pas se procurer cette boisson dans toute son excellence aux stations les plus élevées des Alpes. »

phases essentielles de la circulation des eaux, la cause immédiate de la formation des brouillards et des nuages. La vapeur d'eau qui se dégage ainsi, partout où les couches d'air surplombantes ne sont pas saturées, monte d'abord invisible en vertu de sa légèreté spécifique, jusqu'au moment où elle rencontre des couches d'air dont la température et la pression sont telles, que le point de saturation y est atteint et dépassé. Là elle se condense, se précipite en fines gouttelettes liquides dont l'ensemble n'a plus qu'une transparence imparfaite et devient visible sous la forme de brouillards ou de nuages, selon la hauteur à laquelle se produit une telle condensation.

Dans un des volumes de notre *Encyclopédie*[1], nous avons décrit les nuages, leurs formes diverses, leurs métamorphoses : nous y renvoyons le lecteur, nous bornant à reproduire ici quelques passages qui ont trait au sujet de cet ouvrage; ils sont relatifs aux nuages qui sont constitués par des particules solides, cristaux de glace ou de neige.

« Il est généralement admis que les cirrus sont formés de cristaux de glace. Barral et Bixio, dans leur célèbre ascension de l'été de 1850, ont traversé un nuage de cette sorte, formé de fines aiguilles de glace, et qui n'avait pas moins de 4 kilomètres d'épaisseur. Les phénomènes des halos et des parhélies, dont nous avons donné l'explication dans le volume des *Météores*, se forment au milieu des cirrus; or ils sont dus aux réfractions qui se produisent à l'intérieur de prismes de glace en suspension dans l'air et convenablement orientés par rapport au plan vertical qui passe par le Soleil et par l'œil de l'observateur. La théorie supposait l'existence de ces prismes, et les

1. *Le beau et le mauvais temps.*

observations des aéronautes en ont prouvé la réalité.
Citons encore celles de Welsh et Nicklin, qui, le
17 août 1852, trouvèrent à l'altitude de 3000 mètres
« une neige formée de cristaux étoilés qui tomba de
temps à autre sur le ballon »; celles de G. et A. Tissandier et Mangin, qui, à 2000 mètres, « se trouvèrent pour ainsi dire au milieu même de la production de la neige. L'air était translucide et, tout autour
de nous, nous apercevions de très petites paillettes
de glace, d'un aspect brillant, irisées comme le
mica, qui paraissaient se souder ensemble en tombant, pour donner naissance, à un niveau inférieur,
à des flocons volumineux. La température était
de — 1°. »

« Parfois le ciel semble d'en bas complètement
serein; rien ne ternit la clarté de son azur. Et
cependant les voyageurs des hautes régions trouvent
alors l'air rempli de cristaux très ténus. Ces cristaux
sont visibles de près, soit parce qu'ils reflètent
vivement la lumière solaire (Crocé-Spinelli et Sivel,
mars 1874), soit parce que leur ensemble forme une
nappe que les aéronautes, situés au même niveau,
considèrent dans le sens horizontal, et dès lors sous
une grande épaisseur. G. Tissandier a été plusieurs
fois témoin de l'existence de véritables bancs d'aiguilles de glace, suspendus dans l'atmosphère, dont
ils ne troublent pas la transparence. Il est probable
que c'est de là, par la condensation et l'agglomération de ces couches, que naissent les différentes
sortes de cirrus. »

C'est là un premier exemple du retour de l'eau à
l'état solide, après qu'elle s'est élevée à l'état de
vapeur dans des couches de plus en plus éloignées
de la surface du sol, puis qu'elle s'est condensée en
fines gouttelettes et finalement congelée sous l'influence d'une température qui, on vient de le voir,

peut être très basse, même en été. Voyons, maintenant, dans quelles circonstances l'eau passe directement à l'état solide au niveau même du sol.

II

Formation de la glace au niveau du sol.

C'est à la température de zéro, soit de l'eau elle-même, soit de la couche d'air en contact avec elle, qu'a lieu le passage à l'état solide, la *congélation*, pourvu qu'il s'agisse d'eau pure et qu'il y ait tendance à un abaissement de température [1].

Cela suppose aussi que la masse liquide est en repos. Si ces conditions sont remplies, ce qui arrive le plus souvent dans les mares, les étangs, les lacs, pendant les hivers de la zone tempérée et en l'absence des vents océaniques, la glace se forme tout d'abord à la surface de ces masses liquides, maintenues immobiles par le calme de l'air. On voit une couche de glace très mince, transparente, recouvrir cette surface; peu à peu les couches d'eau en contact avec cette pellicule se solidifient en se soudant avec elle et en augmentant son épaisseur. Si le froid persiste et devient plus intense, cet accroissement d'épaisseur continue, et la couche de glace peut atteindre plusieurs décimètres. C'est au début qu'on voit le mieux la forme cristalline : de longues aiguilles s'entre-croisant sous des angles de 30° et de 60° sillonnent en tous sens la surface du liquide, et ce premier réseau

---

1. Pour une tendance contraire, c'est-à-dire à une élévation de température, le zéro correspond au retour de la glace à l'état liquide. C'est le *dégel*.

solide constitue comme la charpente à laquelle viennent se souder des cristaux plus petits. Si l'air reste bien calme, si le refroidissement et la congélation qui en est la suite se font avec lenteur, la glace formée est pure et transparente. Au contraire, sous l'influence d'un courant aérien un peu vif, déterminant une brusque solidification, la surface congelée prend une consistance grenue, confuse et pâteuse, et la glace formée devient opaque, d'une couleur d'un gris blanchâtre; à épaisseur égale, elle semble d'ailleurs plus résistante que celle qui conserve sa transparence.

Parfois il arrive que l'eau tout entière du bassin est réduite en glace et que, sous la couche solide, restée suspendue, il existe un espace vide d'eau; c'est fréquemment le cas des mares et étangs peu profonds ou encore des ruisseaux peu abondants, des cours d'eau dont le débit se trouve arrêté par la sécheresse qui résulte de la prolongation du froid. Dans ces circonstances en effet, l'eau emprisonnée dans les terres, qui s'écoulerait à l'état liquide et alimenterait les cours d'eau en question, est elle-même à l'état solide dans les terres congelées et durcies.

Dans les lacs profonds, sur les eaux animées d'un mouvement rapide, comme sont la plupart des rivières et des fleuves, ou fortement agitées comme l'est la surface de la mer, la congélation se fait dans des conditions un peu différentes. Avant de décrire avec quelque détail les phénomènes relatifs à ces cas particuliers, il importe de se rappeler une des propriétés physiques de l'eau : à savoir que son maximum de densité ne correspond pas à son minimum de température.

III

Maximum de densité de l'eau.

Tous les corps, on le sait, changent de volume quand leur température varie; ils se dilatent généralement quand ils s'échauffent, se contractent si leur température diminue, et il y a ordinairement continuité dans les deux ordres de phénomènes. Toutefois, dans le voisinage des points où doit avoir lieu un changement d'état, on remarque certaines anomalies, qui, pour nous en tenir à l'eau, sont les suivantes.

Dans les conditions ordinaires de pression, l'eau est liquide entre 100° et 0°. Si elle se dilatait régulièrement et continûment entre ces deux limites, le minimum de volume et par suite le maximum de densité serait à 0°. Or il n'en est rien. Ce maximum de densité correspond à la température de 4°. A partir de ce point, l'eau se dilate, non seulement de 4° à 100°, selon la loi ordinaire, mais aussi de 4° à 0°, c'est-à-dire quand sa température s'abaisse, jusqu'au moment où elle passe à l'état solide. Alors une dilatation nouvelle a lieu et si brusquement qu'il en résulte d'intéressants phénomènes, dont les uns sont bien connus de tout le monde, dont les autres ont été constatés par les expériences des physiciens. Entrons dans quelques détails sur ces divers points, en commençant par montrer comment se constate l'anomalie en question.

Cette anomalie a été remarquée pour la première fois par les physiciens de l'Académie del Cimento, vers 1670; observant le niveau de l'eau renfermée

dans un tube thermométrique et qu'ils faisaient
refroidir, ils virent le niveau du liquide, qui avait
d'abord descendu, se mettre à remonter un peu
avant d'arriver à la congélation. Plus tard, Hooke
attribua ce phénomène à un accroissement plus
rapide de la contraction du verre, et son opinion,
d'abord adoptée par divers savants, fût combattue
par Blagden, qui constata un semblable maximum
de densité dans un mélange d'eau et de sel. Comme
ce mélange ne se congèle qu'à une température
inférieure à 0°, et que le point de maximum de condensation se trouve à même distance de la congélation que pour l'eau pure, le phénomène parut vrai-
semblablement indépendant de l'enveloppe.

L'expérience suivante, due au physicien écossais
Hope et qu'on répète encore dans les cours, met
d'ailleurs hors de doute cette indépendance et prouve
que le phénomène est bien propre à l'eau elle-même.
On entoure d'un manchon rempli de glace le haut
d'une éprouvette pleine d'eau à une température
supérieure à 4°, et qui porte, au-dessus et au-dessous
du manchon, deux thermomètres horizontaux (fig. 2).
Les réservoirs de ces deux thermomètres indiquent
à tout instant la température de la couche d'eau qui
les entoure. Or voici ce qui arrive et ce que l'on
constate aisément. Les couches supérieures de l'eau
se refroidissent peu à peu et d'une manière continue,
et le thermomètre qui s'y trouve plongé s'abaisse au-
dessous de 4° jusqu'à 0°, tandis que le thermomètre
inférieur, après s'être abaissé à 4°, reste stationnaire.
Cette expérience montre que les couches les plus
élevées, en se refroidissant jusqu'à 4°, devenant plus
lourdes que les couches inférieures, tombent au fond
de l'éprouvette et sont remplacées par celles-ci, que
la glace refroidit à son tour. Mais quand leur température est plus basse que 4°, elles restent à la partie

supérieure, comme le prouvent les indications des deux thermomètres, ce qui dénote leur plus grande légèreté spécifique.

Cette expérience suffit pour constater le fait, mais non pour déterminer avec exactitude la température précise du point où l'eau acquiert son maximum de densité. On y est parvenu par diverses méthodes, les

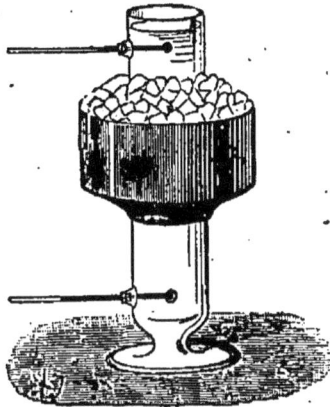

Fig. 2. — Expérience prouvant que l'eau se contracte de 0° à 4°.

unes consistant à prendre la densité du liquide en faisant varier la température de part et d'autre du point critique, les autres en cherchant directement la dilatation de l'eau par la comparaison de thermomètres à eau et à mercure, ce qui exige la connaissance exacte de la dilatation absolue du mercure. Hallstrom par la première méthode a trouvé 4°,1 pour la température du maximum de densité. Despretz, en employant la seconde, a trouvé 4° exactement. M. Frankenheim, en prenant pour base les recherches de M. Isidore Pierre, en a déduit le nombre 3°,9. On voit que 4° est la moyenne des trois déterminations. Comme la dilatation varie très lentement de part et d'autre du point où le maximum est atteint, on comprend qu'il soit difficile de décider quel nombre est le plus précis. Le tableau suivant, emprunté au travail de Despretz, donne les volumes et les densités de l'eau pour diverses températures au-dessus et au-dessous de zéro, l'unité de volume et de densité étant celle de l'eau à 4° [1].

Températures.	Volumes.	Densités.
— 5°	1,0006987	0,999302
— 4°	1,0005619	0,999437
— 3°	1,0004222	8,999577
— 2°	1,0003077	0,999692
— 1°	1,0002138	0,999786
0°	1,0001269	0,999873
1°	1,0000730	0,999927
2°	1,0000331	0,999966
3°	1,0000083	0,999999
4°	1,0000000	1,000000
5°	1,0000082	0,999999
6°	1,0000309	0,999969
7°	1,0000708	0,990929
8°	1,0001216	0,999878
9°	1,0001870	0,999813
10°	1,0002684	0,999731
15°	1,0008951	0,999125
100°	1,04315	0,958634

L'eau de mer a, comme l'eau pure, un maximum de densité; il en est de même de quelques dissolutions salines aqueuses. Mais Despretz a reconnu que pour ces liquides la température du maximum baisse plus rapidement que le point de congélation. L'eau de mer, qui se congèle à — 1°,70, a son maximum de densité à — 3°,67; une dissolution de sel marin dont le point de congélation est — 2°,12 a son maximum

1. On verra plus loin que l'eau peut être abaissée sans se solidifier jusqu'à 12 degrés au-dessous de 0. Elle continue à se dilater jusqu'à cette température extrême. Le tableau qui suit donne, jusqu'à — 5°, la valeur de cette dilatation de l'eau non congelée et de sa densité décroissante jusqu'à la même limite. La glace se contracte, au contraire, à ces mêmes températures.

à —4°,75. Il faut donc, pour que le maximum puisse
être observé, que l'on prenne les précautions néces-
saires pour amener le liquide à cette température
sans qu'il change d'état. L'eau de la mer étant toujours agitée, la congélation a toujours lieu avant
qu'elle se soit assez refroidie pour atteindre la température plus basse du maximum.

La dilatation de l'eau qui se congèle est d'ailleurs

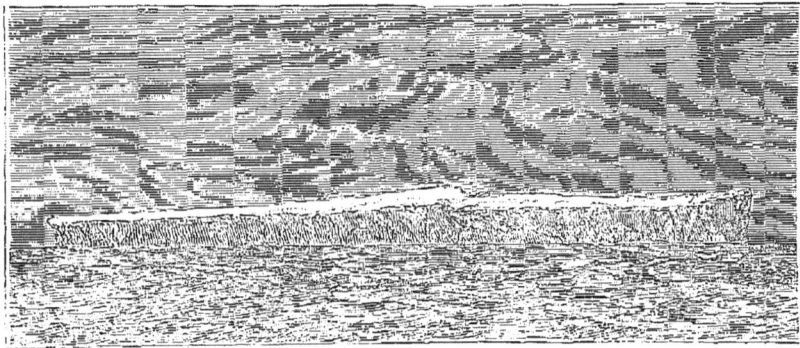

Fig. 3. — Icebergs des régions australes.

un fait d'observation que tout le monde peut constater; on voit en effet les glaçons flotter pendant
l'hiver sur l'eau des rivières et des lacs.

Dans les mers qui avoisinent les pôles, on rencontre fréquemment des masses de glace considérables, connues des marins qui naviguent en ces
régions sous le nom d'icebergs (montagnes de glace).
Ce sont généralement des blocs détachés des banquises, au retour du printemps, ou qui, des glaciers
polaires, ont glissé dans la mer. Nous y reviendrons
plus loin. Bornons-nous à dire ici qu'il n'est pas
rare de trouver de ces masses flottantes qui s'élèvent,
sous des formes tantôt régulières (fig. 3), tantôt dé-
coupées en arceaux fantastiques (fig. 22), à des hauteurs de 30 à 60 mètres au-dessus du niveau de la

mer. Or, en partant de la loi d'équilibre des corps
flottants, et en considérant que la densité de la glace
ne dépasse pas 0,918, tandis que celle de l'eau de
mer est 1,026, on doit en conclure que la partie

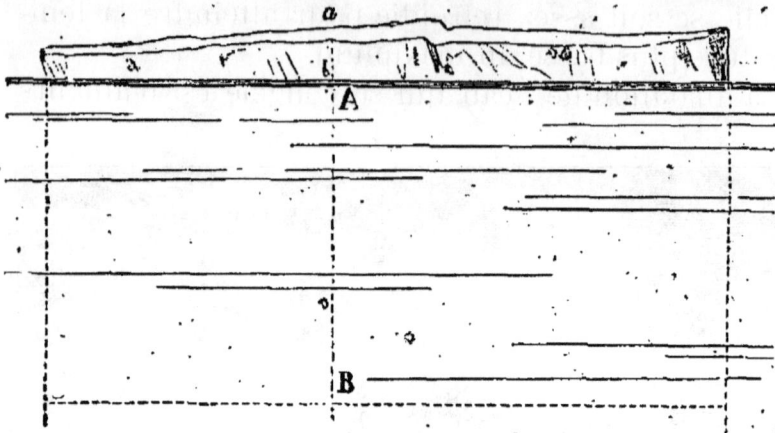

Fig. 4. — Rapports des hauteurs de la portion immergée et de la partie
flottante d'un iceberg.

immergée de l'iceberg a un volume sept ou huit fois
aussi fort que celui du bloc émergé. Pour un bloc de
forme régulière de 30 à 60 mètres de hauteur,
l'épaisseur totale serait donc de 250 à 500 mètres
(fig. 4).

IV

Force expansive de la glace au moment
de sa formation.

Galilée avait déjà fait observer que la glace était
moins dense que l'eau sur laquelle elle surnage, et
les académiciens de Florence avaient vérifié par une
expérience classique le fait de la dilatation de l'eau
qui se congèle : ayant rempli d'eau une sphère de
cuivre qu'ils exposèrent à un froid intense, elle se

brisa, bien que l'épaisseur du métal fût de deux tiers
de pouce. En 1697, Huygens fit éclater, en deux endroits, un tube de fer d'un doigt d'épaisseur empli
d'eau et hermétiquement fermé : la rupture eut lieu
après douze heures d'exposition à la gelée. Voici
comment Pouillet répétait, dans son cours, cette
expérience de Huygens : « Je prends pour cela, dit-il,
des tubes de fer très épais, de 1 mètre de longueur,
de 3 centimètres de diamètre intérieur, fermés à vis
aux deux bouts. Après les avoir remplis d'eau, on les

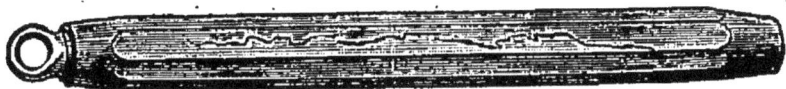

Fig. 5. — Force expansive de l'eau congelée. Expérience de Huygens.

dispose dans une caisse de bois peu profonde, on les
couvre d'un mélange réfrigérant de sel et de glace
pilée ; bientôt l'explosion se fait entendre, les tubes
qui résisteraient à plusieurs centaines d'atmosphères
sont déchirés dans leur longueur (fig. 5). On peut
même faire sortir les cylindres de glace et montrer
que l'eau n'a été qu'en partie congelée pour produire
une si forte pression. » On connaît aussi les célèbres
expériences faites à Québec en 1784 et en 1785 par le
major d'artillerie Edward Williams. Ayant rempli
d'eau des bombes de 13 pouces de diamètre, il les
exposa à la basse température de l'air. Un bouchon
en fer, fortement enfoncé dans le trou de fusée de
ces bombes, fut projeté à une distance considérable,
dans sept expériences successives ; un cylindre de glace
de plusieurs pouces de longueur sortit chaque fois
du trou, immédiatement après l'explosion. Dans une
huitième expérience, la température extérieure s'étant
abaissée à 24 degrés au-dessous de zéro, la bombe
éclata, se fendit et l'on vit une lame de glace en forme

de nageoire de poisson faire saillie entre les deux fragments (fig. 6).

MM. Ch. Martins et Chancel ont répété, en 1870,
les expériences du major Williams, et ont calculé la
force qui faisait éclater les projectiles. Ils opérèrent
d'abord avec une bombe de 22 centimètres de dia-

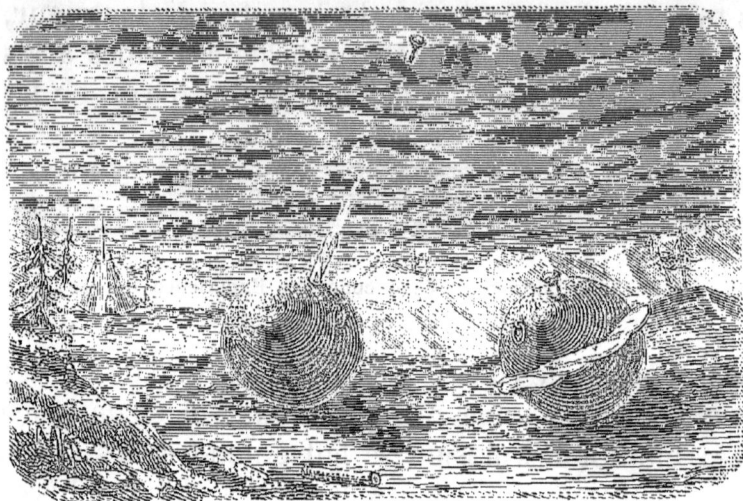

Fig. 6. — Expériences sur la force expansive de la glace, du major
Edward Williams.

mètre extérieur, épaisse de 26 millimètres, qu'ils
remplirent d'eau à + 4° et qu'ils fermèrent à l'aide
d'une vis et d'une rondelle de plomb interposée entre la
courbure de la bombe et le rebord de la vis. Puis ils
la plongèrent dans un mélange réfrigérant à — 21°.
« Au bout d'une heure et demie, disent-ils, le pro-
jectile éclata suivant un grand cercle passant par
l'orifice, et se sépara en deux fragments. La couche
de glace était régulière et d'une épaisseur de 10 millimètres. Le volume de la glace s'élevait à 814 centimètres cubes; mais ce volume de glace correspond à
un volume d'eau moindre de $\frac{1}{11}$ ou de 74 centimètres
cubes. Or, l'eau se comprimant de 50 millionièmes

par atmosphère, nous trouvons que la force qui a fait éclater la bombe était de 550 atmosphères, en supposant la glace compressible comme l'eau [1]. »

D'autres expériences faites sur des projectiles creux plus petits que les bombes ont donné aux mêmes observateurs des pressions de 440 et de 574 atmosphères. Ils purent aussi, à l'aide d'une disposition ingénieuse, placer au centre des bombes un réservoir de thermomètre dont la tige graduée put être observée de loin au dehors à l'aide de lunettes, et constater ainsi que l'eau intérieure s'était abaissée, une première fois, de 10°,7 à — 2°,8, et une seconde fois de 8°,4 à — 4°,2; c'est là une vérification du fait que la pression abaisse le point de congélation de l'eau. Nous reviendrons incessamment sur ce dernier phénomène [2].

Chacun de nous a pu être témoin de faits qui prouvent l'intensité de la force expansive de la glace; elle brise les vases remplis d'eau, les tuyaux de plomb ou de fonte des eaux ménagères, lorsqu'on commet l'imprudence d'y verser de l'eau par les fortes gelées. L'hiver, quand le sol, gonflé d'humidité, vient à geler brusquement et fortement, la dilatation qui en résulte cause maints dégâts. Les pavés sont soulevés, des murs sont ébranlés. Les pierres que l'on nomme

---

1. *Comptes rendus de l'Académie des sciences pour 1870*, t. I, p. 1150.

2. On constaterait de la même manière la force expansive des autres liquides qui se dilatent en se solidifiant. Tyndall a fait une expérience analogue avec du bismuth : « Vous voyez, disait-il dans une de ses leçons sur la Chaleur, cette bouteille de fer, crevée du goulot jusqu'au fond; je la brise avec ce marteau, et elle vous apparaît remplie à l'intérieur par un noyau métallique. Ce métal est du bismuth; je l'ai versé dans la bouteille lorsqu'il était fondu, et j'ai bouché la bouteille avec une vis. Le métal s'est refroidi, il s'est solidifié, il s'est dilaté, et la force d'expansion a suffi pour faire éclater la bouteille. »

pour cette raison *gélives*, parce qu'elles retiennent de l'eau qui se solidifie dans les froids, se désagrègent, se fendent. Enfin la sève, en se congelant dans les hivers très rigoureux, fait éclater les arbres.

V

Température des lacs profonds. — Congélation des lacs.

Revenons maintenant au fait de la dilatation de l'eau au-dessous de 4°. On va voir qu'il joue un rôle dans l'économie des lacs profonds.

Un premier phénomène qui est une conséquence de ce fait, est la constance de la température de l'eau, en toutes saisons, au fond des lacs d'une grande profondeur. Il a été constaté par de Saussure : cette température est égale à 4°, c'est-à-dire précisément à celle du maximum de densité de l'eau. L'explication en est aisée, si l'on rapproche le fait de la condition d'équilibre des liquides superposés, qui exige que les couches soient rangées du haut en bas dans l'ordre des densités croissantes. L'expérience de Hope, décrite plus haut, montre en petit ce qui se produit on grand dans la nature.

En effet, lorsque, à l'approche de l'hiver, l'abaissement de température amène les couches superficielles de l'eau du lac à se refroidir jusqu'à 4°, ces couches deviennent plus denses que celles qui se trouvent au-dessous; elles descendent au fond et sont remplacées par les couches plus chaudes et plus légères, qui se refroidissent et tombent à leur tour. Peu à peu donc les couches profondes du lac se trouveront constituées d'eau à 4°; et si le refroidissement de la surface continue de 4° à 0°, il est évident que l'équilibre s'établira de façon que ce soit précisément l'eau la plus froide ou la moins dense qui occupera les points les plus élevés, la température allant en croissant d'un point voisin de 0° jusqu'à 4°, qui sera la température des couches les plus profondes. Le lac pourra se congeler à la superficie, sur une épaisseur plus ou moins grande, sans que cesse l'équilibre dont nous venons de parler.

Si le lac n'a qu'une faible profondeur, l'abaissement de température de la surface pourra atteindre peu à peu les couches inférieures, qui alors, au lieu de rester à 4°, pourront descendre à 3°, à 2°, etc., mais en conservant l'ordre de superposition qui laisse au fond du lac l'eau la plus chaude et aussi la plus dense, tant qu'on se trouve dans les limites comprises entre 0° et 4°.

Lorsque, par le retour des chaleurs, les couches superficielles du lac reprennent une température plus élevée, elles ne la communiquent que lentement aux couches inférieures, et, dans l'hypothèse d'une grande profondeur, cette communication n'a pas le temps d'atteindre le fond avant le retour de l'hiver.

D'après des sondages thermométriques effectués, il y a quelques années, dans les lochs écossais par M. Buchanan, il semblait que les résultats trouvés par Saussure n'étaient pas complètement confirmés par l'observation. M. Buchanan avait vu, dans le loch Lomon, la température de l'eau, qui était de 0° à la surface, s'élever graduellement jusqu'à 2°,4 à 20 mètres de profondeur, mais sans monter plus haut. Mais M. Forel, pendant l'hiver de 1879-1880, a fait des recherches sur le même sujet dans les lacs de Morat et de Zurich. Voici les résultats de ses mesures, et les conclusions qu'il en tire sont, comme on va voir, entièrement conformes à l'explication jusqu'alors adoptée :

« 1. *Lac de Morat*. Superficie, 27 kilom.; 4; profondeur maximum, 45 mètres. Le lac a été pris par la glace dans la nuit du 17 au 18 décembre. Épaisseur de la glace, 23 décembre, 11 centimètres; 1er février, 36 centimètres.

Profondeur en mètres.	TÉMPÉRATURE	
	du 28 déc. 1879.	du 1er fév. 1880.
0m	0°,36	0°,35
5m	1°,60	1°,90
10m	2°,00	2°,00
15m	2°,23	2°,45
20m	2°,46	2°,50
25m	2°,60	2°,50
30m	2°,66	2°,40
35m	2°,75	2°,55
40m	2°,70	2°,70
Moyennes	2°,15	2°,15

« 2. *Lac de Zurich*. Superficie, 87 kilom., 8; profondeur maximum, 141 mètres. Le lac a été pris par la glace pendant deux jours à la fin de décembre, puis de nouveau et définitivement le 21 janvier. Épaisseur de la glace le 25 janvier, 10 centimètres.

Profondeur.	Température.	Profondeur.	Température.
0m	0°,2	70m	3°,7
10m	2°,6	80m	3°,8
20m	2°,9	90m	3°,8
30m	3°,2	100m	3°,9
40m	3°,5	110m	3°,9
50m	3°,6	120m	4°,0
60m	3°,7	133m	4°,0

« De l'étude de ces chiffres je tire les conclusions suivantes :

« 1° L'ancienne théorie de la congélation des lacs, qui admet un refroidissement progressif de toute la masse jusqu'à 4° C., puis un refroidissement des couches superficielles, qui se stratifient de 4° à 0°, sui-

vant leur ordre de densité, cette ancienne théorie est
exacte ;

« 2° La pénétration du froid dans les couches superficielles peut descendre jusqu'à 110 mètres de
profondeur (lac de Zurich);

« 3° C'est en raison de son peu de profondeur que
le loch Lomon n'a montré à M. Buchanan que 2°,4.
et non pas 4°. »

Voici ce que dit de la congélation des lacs É. Reclus
dans le premier volume de LA TERRE : « Un des phénomènes les plus curieux des lacs de la zone tempérée
du nord et de la zone polaire est celui de la formation
des glaces. En hiver, lorsque la nappe d'eau est parfaitement tranquille, les aiguilles de glace, rayonnant
les unes des autres sous dès angles de 60 à 120 degrés,
apparaissent à la surface, puis unissent leur réseau
et constituent bientôt une couche unie. Au contraire,
quand l'eau est violemment agitée par une tempête,
les premières aiguilles de glace, incessamment frois-
sées et refroissées, s'agglomèrent en disques arrondis
par le choc, et l'ensemble de la masse congelée finit
par offrir une surface rugueuse comme celle des
fleuves au courant rapide et tumultueux. En général,
la glace des lacs est beaucoup plus régulière et plus
transparente que celle des cours d'eau où le travail
de la cristallisation est presque toujours troublé....

« Une fois solidifié dans toute son étendue, le
couvercle de glace qui recouvre les eaux ne reste
point immobile jusqu'au dégel : il ne cesse au contraire d'être agité de mouvements divers, suivant
l'état de l'atmosphère et les phénomènes qui se passent au-dessous dans la masse liquide. Que la température diminue, et la croûte glacée, grossie aussitôt sur sa face inférieure d'une nouvelle couche
plus dilatée que l'eau, doit nécessairement s'exhausser
et se courber à la superficie. Que le froid soit moins

intense, la croûte solide doit en conséquence s'amincir et se creuser çà et là. Si le niveau du lac s'élève, par suite d'une plus grande abondance d'eau qu'ont apportée les affluents, la voûte de glace est soulevée d'une manière inégale par les nappes liquides qui s'épanchent au-dessous d'elle; si l'apport des eaux diminue et que la hauteur du lac s'abaisse en conséquence, le couvercle solide cède en même temps à cause de son propre poids et se fendille pour suivre le mouvement descendant des eaux. Enfin, les longues ondulations qui se produisent dans la masse liquide à la suite des chocs reçus à la surface, les grandes quantités d'air qui s'introduisent sous la couche glacée en nappes et en bulles isolées, et jusqu'aux gaz dégagés incessâmment par la respiration des poissons, ont pour résultat de soulever diversement la glace. La croûte relativement mince qui sépare les eaux cachées et le grand océan atmosphérique est incessamment sollicitée, tantôt dans un sens, tantôt dans un autre. D'énormes crevasses, généralement orientées dans la direction de la plus grande longueur du lac, s'ouvrent tout à coup avec un terrible fracas; le mugissement de l'air, qui pénètre sous la couche glacée ou qui s'en échappe, se mêle au crépitement des cristaux qui se brisent : c'est à la fois le roulement du tonnerre et le bruit de la fusillade. M. Deiche a vu sur la partie du lac de Constance appelée l'Untersee des crevasses de 10 kilomètres de long et de 4 à 5 mètres de large.

« C'est dans les grands lacs de l'Amérique du Nord et dans ceux de la Sibérie, notamment dans le lac Baïkal, que le phénomène de la formation des glaces s'accomplit de la manière la plus grandiose. Pendant trois mois d'hiver, le puissant Baïkal, cette mer intérieure, où comme dans l'océan vivent les phoques et croissent les tiges du corail, se recouvre d'un champ de glace ayant dans certains endroits 2 et 3 mètres d'épaisseur. La vaste nappe des eaux, surface de plus de 3600 kilomètres carrés, qu'entourent des monta- gnes hautes comme les Alpes et toutes brillantes de glaciers, n'est plus qu'une masse solide sur laquelle des caravanes de voyageurs se hasardent sans crainte. Parfois, lorsque la glace commence à se former, une tempête soudaine la réduit en fragments qui, sous la pression de nouveaux glaçons amenés par les vagues et les courants, s'empilent les uns sur les autres et se mêlent en une sorte de chaos rappelant les séracs des glaciers alpins. Plus tard, lorsque la lourde cara- pace recouvre entièrement la mer, elle se fend çà et là, et des sifflements aigus, des craquements sourds, un bruit prolongé de tonnerre, auquel se mêlent d'innombrables crépitements partiels, se font en- tendre pendant que la glace ploie et se rompt. L'eau jaillit de la fissure en nappes verticales et retombe pour former des bourrelets de glace de chaque côté de la fente, large parfois de plus d'un mètre. Souvent un fragment de la couche brisée s'affaisse au-dessous du niveau général, tandis qu'un autre fragment, pressé dans tous les sens par des masses glacées, se courbe sensiblement vers le milieu. Tous ces mou- vements de la croûte solide produisent de longues ondulations dans les eaux qui se trouvent au-dessous. Les voyageurs emportés rapidement dans leurs trai- neaux sur la glace du lac sentent distinctement le choc des lames qui viennent frapper le sol frémissant sous leurs pieds. Sur les parois des falaises qui bor- dent le lac, on aperçoit des amas de flocons solidifiés ressemblant parfois à des cascades : c'est l'écume qui s'est élancée lors de la rupture violente des glaces et qui s'est figée sur les roches avant d'avoir eu le temps de retomber. D'ordinaire, le lac Baïkal gèle si rapi- dement que, d'après le témoignage des indigènes, la glace commencerait par prendre au fond du lac et se détacherait ensuite avec un bruit terrible pour monter à la surface; mais ce fait, qui ne pourrait avoir lieu si la température de l'eau profonde n'était pas beaucoup plus basse que celle de l'eau superficielle sur laquelle passe le vent glacial, n'a point encore été constaté d'une manière scientifique. Il est au contraire très probable que l'eau du fond reste toujours liquide, car c'est à 4 degrés centigrades que les molécules aqueuses acquièrent leur plus grande densité et par conséquent leur poids spécifique le plus considérable : en vertu de la pesanteur ce sont donc les couches dont la température est de 4 degrés qui doivent reposer sur le fond du lac et la glace ne peut se former qu'à la superficie. Les observations directes qu'on a faites sur la température des lacs de la Suisse confirme cette théorie. Dans le Léman, les effets des variations météorologiques en se font pas sentir au-dessous de 72 mètres, et plus bas, la température constante est de 6°,6; dans le lac de Constance, là température des eaux profondes est plus basse : elle y est seulement de 4°,5, et dans le lac de Lucerne, de 4°,9 : c'est probablement à la chaleur naturelle du sol qu'est dû ce léger excès de chaleur relativement à la température normale de 4 degrés. D'ailleurs, dans les environs de Boston, où tous les petits lacs sont régulièrement exploités pendant l'hiver et fournissent au commerce plus de 200 000 tonnes de glace par an, on n'a jamais remarqué que la couche solide se formât d'abord au fond du bassin. »

Un autre phénomène naturel dont l'explication se rattache au fait du maximum de densité de l'eau à 4°, est celui des *puits de glace*. On donne ce nom à des cavités de forme généralement cylindrique qu'on trouve, dans les Alpes, à la surface des masses de

glace constituant les glaciers., En examinant le fond
d'un de ces puits, on y aperçoit toujours un corps
solide, une pierre, un morceau de bois, des feuilles.
Voici comment on explique la formation de l'une de
ces cavités : La surface de la glace exposée aux rayons
solaires se fond uniformément, mais avec lenteur,
quand la température de l'air est elle-même inférieure à 0°. Mais si un corps étranger est déposé sur
la glace, la chaleur du soleil élève sa température et
fait fondre la glace au-dessous et autour de lui, avec
une plus grande rapidité que dans les autres points.
Il se forme donc sous le corps une cavité qui se remplit de l'eau de fusion. La température de celle-ci, là
où elle est exposée au rayonnement solaire, s'élève
peu à peu jusqu'à 4°, et comme sa densité augmente,
elle descend au fond du trou, et se trouve remplacée
par l'eau plus froide et plus légère. Par son contact
avec la glace, elle lui cède une partie de sa chaleur,
d'où résulte la production d'une nouvelle quantité
d'eau de fusion; mais, en se refroidissant ainsi, elle
devient plus légère et remonte à la surface. La cavité
une fois formée augmente donc progressivement de
profondeur, et le corps étranger qui lui a donné naissance reste au fond, témoignant par sa présence de
l'origine et de la cause du phénomène.

VI.

Passage de la glace à l'état liquide.
Influence de la pression.

Les solides susceptibles de passer brusquement à
l'état liquide sous l'action de la chaleur ont un point
de fusion fixe, et tellement différent d'un corps à
l'autre, qu'il peut servir à caractériser chaque espèce

de substance.. Cette température fixe de fusion est aussi généralement celle du retour à l'état solide, de la *solidification* ou *congélation*.

Cependant ce n'est pas là une loi absolue, et le point de fusion ou de solidification peut varier sous l'influence de circonstances exceptionnelles. La pression extérieure est une de ces causes de variation, mais il faut qu'elle ait une intensité considérable pour amener un changement sensible, bien qu'assez faible, dans les températures de fusion. Pour les corps qui se dilatent en passant de l'état solide à l'état liquide, c'est-à-dire dont les molécules s'écartent par le fait du changement d'état, une augmentation de pression est un obstacle qui contrarie l'action de la chaleur : la température de fusion de ces corps doit donc, sous cette influence, être plus élevée. Le contraire doit avoir lieu s'il s'agit de corps qui, comme la glace, se contractent en se liquéfiant. Des expériences dues à Bunsen et à W. Thomson ont confirmé ces prévisions toutes théoriques. Laissons là celles de ces expériences qui concernent les solides quelconques et ne nous occupons que de celles qui ont pour objet la fusion de la glace.

La figure 7 montre la disposition imaginée par W. Thomson pour constater l'influence de la pression sur la fusion de la glace. Un cylindre en verre AB, fermé en haut et en bas par des viroles de cuivre, renferme des fragments de glace qu'un disque de plomb maintient dans la moitié inférieure, et de l'eau distillée jusqu'au sommet. Le couvercle supérieur donne passage à un bouchon ou piston métallique *a* qu'on peut presser à volonté à l'aide d'une clef à vis V. La pression exercée se mesure à l'aide d'un manomètre à air comprimé M, et la température par un thermomètre T, dont le réservoir et la tige sont protégés contre la pression par une enveloppe résistante de verre. Comme le cylindre renferme toujours en même temps de la glace et de l'eau en contact, le thermomètre est regardé comme indi-

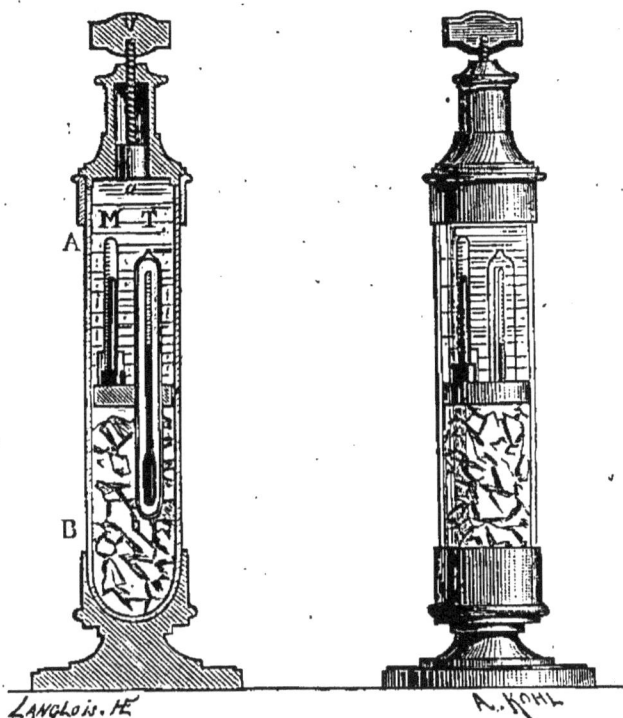

Fig. 7. — Appareil de W. Thomson pour mesurer l'influence de la pression sur le point de fusion de la glace.

quant la température de la fusion à tous les instants de l'expérience. Voici quelques nombres obtenus par l'expérimentateur :

1	atmosphère..................	0°,000
8	—	— 0°,049
16,8	—	— 0°,129

Ainsi la température de fusion de la glace s'abaisse à mesure que la pression augmente.

On constate d'ailleurs le fait, sans aucune mesure, grâce à une expérience ingénieuse due à Mousson.

La figure 8 représente un tube d'acier très épais et très résistant, fermé à sa partie inférieure par un bouchon à vis, à sa partie supérieure par une vis d'acier de plus grande longueur, dont la tête porte un levier à l'aide duquel on peut la tourner et exercer une pression. On emplit le tube d'eau et, avant de le refermer, on y introduit un fragment de métal. En retournant le tube de sorte que le bouchon occupe la partie supérieure, le morceau de métal tombera au fond du tube, reposant par conséquent sur la pointe de la longue vis d'acier. Dans cet état, on entoure l'appareil d'un mélange réfrigérant qui congèle l'eau intérieure. Quand l'eau est solidifiée, en retournant l'appareil dans la position de la figure, il est clair que le morceau de métal reste main-

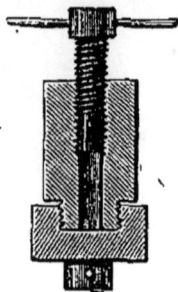

Fig. 8. — Expérience de Mousson sur l'abaissement du point de fusion de la glace.

tenu par la glace au contact de la pointe de la vis. C'est alors qu'en manœuvrant le levier on exerce une pression sur le cylindre de glace, et cette pression peut s'élever à plusieurs milliers d'atmosphères. Cela fait, si l'on débouche le cylindre, on trouve le métal en contact avec le bouchon, comme s'il eût traversé la glace. Pour expliquer ce changement de position, on est obligé d'admettre que la pression a fait fondre la glace et permis au métal de traverser l'eau de fusion; puis que, la pression cessant, celle-ci a repris comme auparavant l'état solide sous l'influence de la basse température du milieu où l'appareil était plongé.

Citons encore à l'appui du même fait les expériences intéressantes dues à M. Boussingault et effectuées pendant l'hiver de 1870-1871 à l'aide d'un canon d'acier, fondu et forgé, de 46 centimètres de longueur, de 13 millimètres de diamètre intérieur et de 8 millimètres d'épaisseur. Ce cylindre était foré jusqu'à une profondeur de 24 centimètres; la partie pleine avait une forme hexagonale qui permettait de la saisir dans la mâchoire d'un étau. Le haut du canon, à partir de l'ouverture, portait un pas de vis sur lequel s'ajustait, comme un écrou, une pièce d'acier évidée, au fond de laquelle, pour assurer la fermeture, on plaçait une forte rondelle de plomb. Une bille d'acier, introduite dans le canon, indiquait, par sa mobilité ou son immobilité, si l'eau du tube était ou non congelée. Exposé successivement, dans le courant de décembre et de janvier, à des températures extérieures qui varièrent de — 10° à — 24°, l'eau contenue dans le canon resta constamment liquide, ainsi que le tintement métallique produit par la chute de la bille d'acier sur le fond permit de s'en assurer. Mais aussitôt que le couvercle du canon fut dévissé et la pression supprimée, la congélation se fit instantanément. « En chauffant alors le canon de manière à détruire l'adhérence, l'on en retira un cylindre de glace d'une grande transparence. Dans l'axe de ce cylindre, il y avait une rangée de très petites bulles d'air. »

VII

Plasticité de la glace. — Phénomène de regel.

L'eau joue un si grand rôle dans la nature, qu'il est important, pour l'explication d'un grand nombre de phénomènes naturels, de connaître à fond ses transformations sous l'influence des variations de température. Revenons donc sur les deux changements d'état de la fusion de la glace et de la congélation de l'eau.

On a vu que le point de congélation de l'eau peut

glace des glaciers. Faraday, puis Tyndall, ont étudié
toutes les circonstances de ce phénomène intéressant.
Arrêtons-nous un instant aux résultats des recherches de ces savants physiciens.

Vers 1850, Faraday remarqua que si l'on met en
contact, par deux de leurs faces, deux morceaux de
glace fondante, ils se soudent ensemble aux points de
contact. Ce phénomène a reçu du docteur Hooker le
nom de *regélation* ou de *regel*, sous lequel il est
maintenant communément désigné. Tyndall a ima-
giné une série d'expériences où le fait du regel est
mis en évidence. « Sciez, dit-il, deux plaques d'un
bloc de glace, et mettez en contact leurs surfaces
planes; elles se souderont immédiatement ensemble.
Deux plaques de glace, posées l'une sur l'autre, et
que l'on laisse pendant une nuit enveloppées de laine,
sont quelquefois si solidement soudées l'une à l'autre
le lendemain, qu'elles casseront plutôt partout ailleurs
que sur la surface de jonction. Si vous entrez dans
une des cavernes de glace de la Suisse, vous n'avez
qu'à appuyer pendant un instant une plaque de glace
contre la paroi supérieure de la caverne pour en
déterminer l'adhérence complète à cette paroi.

« Mettez dans un bassin d'eau plusieurs fragments
de glace, et rapprochez-les de manière qu'ils se touchent; ils se soudent ensemble aux points de contact.
Vous pouvez former une chaîne de ces fragments; et
ensuite, si vous saisissez un des bouts de la chaîne,
vous entraînerez à sa suite toute la série. C'est ainsi
que des chaînes de gros glaçons se forment quelquefois dans les mers polaires.

« Voyons ce qui résulte de ces observations. La
neige se compose de petites parcelles de glace. Alors
si par la pression nous chassons l'air que contient la
neige fondante, et que nous amenions les petits grains
de glace à se toucher, ils devront se souder ensemble;

et, si l'air est complètement expulsé, la neige comprimée devra présenter l'aspect de la glace compacte [1]. »

C'est ce que savent à merveille les enfants, lorsqu'ils façonnent la neige en boules par la pression
dans leurs mains. Ils savent aussi que c'est surtout
quand la neige commence à fondre qu'elle se transforme le mieux en boules compactes. Si sa température est assez inférieure à 0° pour que la chaleur de
la main n'ait pas le pouvoir de la ramener en masse
au point de fusion, elle reste friable et forme une
poudre sèche qui s'agrège difficilement, même avec
l'aide d'une forte pression.

En comprimant, à l'aide d'une presse hydraulique,
des morceaux de glace dans des moules de formes
variées, Tyndall parvenait à les transformer en une
masse compacte et homogène, parfaitement transparente et ayant pris la forme du moule : des sphères,
des cylindres, des coupes, des anneaux de glace
étaient ainsi obtenus par le broiement des fragments
de glace sous l'action d'une pression énergique et par
le regel des morceaux de plus en plus petits. Le même
résultat s'obtient en employant une quantité suffisante de neige. La figure 10 représente les deux parties d'un moule en buis, dont le physicien anglais se
servait pour obtenir une coupe hémisphérique de
glace. L'une des parties est un hémisphère creux;
l'autre, qu'on applique sur la première remplie de
fragments de glace, est une protubérance également
hémisphérique, mais de moindre dimension que la
première. La compression produite par une petite
presse hydraulique donnait une coupe que Tyndall,
dans ses leçons, « pouvait remplir, dit-il lui-même,
de vin de Xérès frais, sans en perdre une goutte ».

1. *Les Glaciers et les transformations de l'eau*, 1 vol. de la
Bibliothèque scientifique internationale.

D'après J. et W. Thomson, tous ces phénomènes
de regel sont dus à une même cause, l'influence de la
pression sur la température de fusion de la glace.
Quand deux morceaux de glace sont pressés l'un
contre l'autre, celles de leurs parties qui sont compri-
mées entrent en fusion. Mais ce changement d'état
n'est possible que par une absorption de la chaleur
prise à la glace environnante. Cette chaleur devient

Fig. 10. — Moulage de la glace.

latente dans l'eau de fusion, tandis que la température de la glace s'abaisse au-dessous de 0°. Si alors la
pression cesse, le froid produit détermine le regel de
l'eau emprisonnée entre les parties de la glace mises
en contact, et ces parties se trouvent ainsi soudées
entre elles. La pression nécessaire à la production du
phénomène du regel peut être très petite; par exemple, lorsqu'on pose simplement un morceau de glace
sur un autre, la faible pression qui résulte du poids
de la glace suffit. Alors, il est vrai, le contact n'ayant
lieu le plus souvent qu'en un petit nombre de points,
chacun des points reçoit une part plus forte du poids
total. Tyndall cite une expérience curieuse due à
M. Bottomley, destinée à montrer que la liquéfaction

due à la pression et le regel qui la suit, s'effectuent avec beaucoup plus de rapidité quand la pression est concentrée sur une faible surface. « Appuyons, dit-il, sur des blocs de bois les deux extrémités d'une barre de glace de 25 centimètres de long sur 10 d'épaisseur et 7 de large, et faisons passer sur le milieu de cette

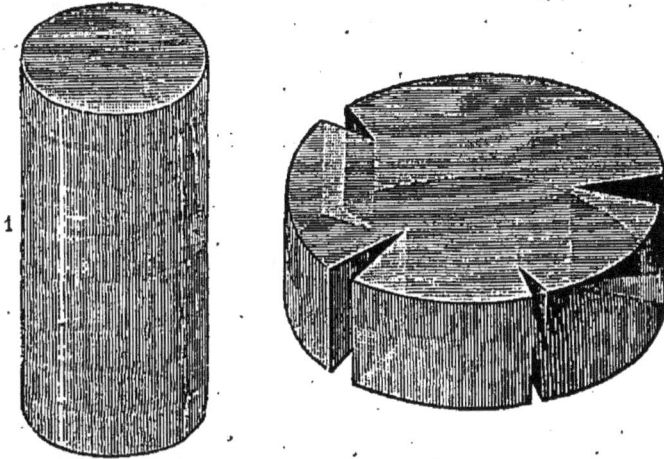

Fig. 11. — 1, cylindre de glace obtenu par le regel; 2, le même comprimé par ses deux faces.

barre un fil de cuivre de 1 ou 2 millimètres de diamètre. Si nous réunissons les deux extrémités de ce fil, et que nous y suspendions un poids de 6 ou 7 kilogrammes, toute la pression exercée par ce poids portera sur la glace qui soutient le fil. Qu'en résulte-t-il? La glace qui est sous le fil se liquéfié; l'eau de liquéfaction s'échappe autour du fil; mais dès qu'elle n'est plus soumise à la pression, elle se congèle, de sorte que tout autour du fil, avant même qu'il ait pénétré dans la glace, il se forme une enveloppe de glace. Le fil continue à pénétrer dans la glace : l'eau s'échappe sans cesse, et, à mesure, se congèle derrière le fil. Au bout d'une demi-heure, le poids tombe; le fil a traversé la glace dans toute son épaisseur. On voit nettement la trace de son passage, mais les deux morceaux de la barre de glace se sont ressoudés si solidement, que la barre cassera sur tout autre point aussi bien qu'à la surface de regel [1]. »

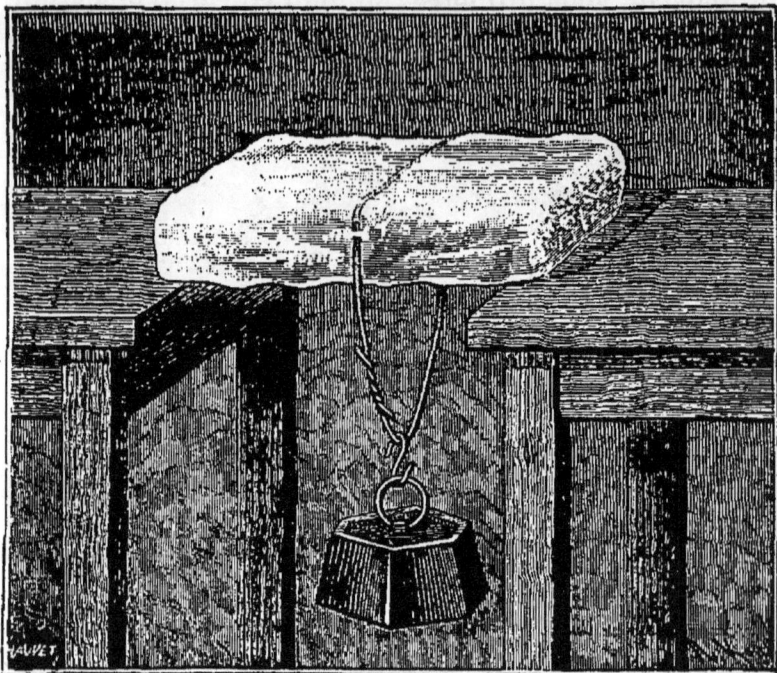

Fig. 12. — Expérience de M. Bottomley. Section d'un bloc de glace par un fil métallique.

Faraday a proposé une explication du phénomène du regel autre que celle de Thomson. Selon lui, le point de fusion est plus élevé au centre ou à l'intérieur d'un morceau de glace qu'à la surface : pour une molécule de l'intérieur, la force de cohésion des molécules qui l'entourent s'exerce de tous côtés pour s'opposer au changement d'état; à la surface, elle est dégagée d'une partie de cette action. De plus, la glace solide exerce sur l'eau avec laquelle elle est en con-

1. Tyndall, *les Glaciers et les transformations de l'eau.*

tact un pouvoir spécial de solidification, analogue à
celui que tout cristal exerce au sein du liquide de
même nature où il est en suspension. Quand deux
morceaux de glace sont mis en contact, la lame liquide
qui les recouvre se trouve à l'intérieur, et le pouvoir
de solidification agit alors des deux côtés de la lame
liquide : celle-ci se congèle donc sous cette influence
et les morceaux de glace se trouvent soudés. Tyndall,
tout en admettant cette explication de Faraday, ne
nie point l'influence de la pression.

Quelle que soit celle des deux théories que l'on
adopte, le phénomène du regel n'en est pas moins
certain. Nous verrons plus tard qu'il suffit pour
expliquer les transformations que subit la masse d'un
glacier et la façon merveilleuse dont cette masse se
moule peu à peu sur la vallée qu'elle remplit; de
même que l'apparente plasticité qui résulte du regel,
jointe à l'influence irrésistible de la pesanteur, rend
compte des mouvements de progression de la même
masse, depuis les régions supérieures où elle se forme
par l'agglomération des couches de névé, jusqu'au
bas de la vallée où elle s'écoule en torrents d'eau
boueuse.

CHAPITRE II

———

I

Formation de la neige. — Circonstances propres aux chutes de neige.

Quand la condensation de la vapeur d'eau au sein d'un nuage donne lieu à la formation de gouttes un peu volumineuses, trop pesantes pour rester suspendues dans l'air, ces gouttes tombent à la surface du sol et donnent lieu au phénomène de la *pluie*. Cela suppose que la température du nuage est supérieure à celle de la congélation. Si les particules aqueuses sont à une température plus basse que 0°, elles passent à l'état solide, cristallisent et forment un nuage de glace ou de neige. Condensées en flocons trop volumineux pour résister à la pesanteur, les particules solides se précipitent, et si, dans leur chute, elles traversent des couches également froides, c'est de la *neige* qui tombe. Il arrive parfois que ces conditions ne sont que partiellement remplies et qu'aux gouttes de pluie se trouvent mêlés des flocons de neige en proportion variable.

On peut donc distinguer les nuages en *nuages de neige* et en *nuages de pluie*. Mais cette distinction doit s'entendre de la constitution qu'ils ont à la hauteur où on les observe, plutôt que de la nature du résidu qu'ils donnent par leur chute à la surface du sol. En effet, un même nuage peut fournir simultanément de la neige dans les hautes régions et de la pluie dans la plaine; cela dépend des différences de température de l'air à des altitudes diverses. Les faits suivants, observés par M. Rozet à Grenoble et à Gap, en avril et mai 1851, confirment la réalité de cette transformation de la neige en pluie. « A Grenoble, dit-il, où il avait beaucoup plu dans la ville, il était tombé de la neige sur les toits de la Bastille, c'est-à-dire à 500 mètres d'altitude ou à 287 mètres seulement au-desssus du sol de cette ville; à Gap, dont le sol est à 740 mètres au-dessus de la mer, il a neigé dans les rues.... Logé hors de la ville, de manière à voir les montagnes tout autour de moi, j'ai pu déterminer avec mon théodolite la limite entre la neige et la pluie. Depuis le 25 avril, il a toujours neigé sur les montagnes lorsqu'il pleuvait dans la ville. La température étant de + 8° à mon observatoire, situé à 750 mètres au-dessus de la mer, il neigeait tout autour de moi sur un plan sensiblement horizontal, situé à 1200 mètres, ou à 450 mètres au-dessus. Le 2 mai, le thermomètre marquait + 4°, le plan de la neige s'abaissa à 900 mètres. Le même jour, m'étant élevé jusqu'à 1300 mètres sur la montagne de Moranie, dans le nuage orageux, le thermomètre baissa à + 2°, il faisait très froid; les particules de neige, au lieu d'être des flocons, étaient des prismes quadrangulaires obliques de la grosseur d'un petit pois : c'était de la neige, et non de la glace comme dans la grêle. En descendant, cette grosseur diminuait, et à 900 mètres il tombait une pluie fine très serrée [1]. »

1. *Comptes rendus de l'Académie des sciences pour 1851*, t. I.

Il paraît établi que la pluie ou la neige ne tombe que des nuages auxquels Howard a donné le nom de *nimbus*; elle résulte donc de la réunion des cirrus avec les cumulus, des nuages de glace avec les nuages de vapeur aqueuse. Le savant dont nous venons de citer les observations insiste sur ce point : « Monté sur une montagne dans un jour orageux, dit-il, j'ai encore constaté qu'il ne se forme de nimbus, dans une couche de cumulus, que sur les points où viennent tomber des cirrus. Voilà donc de nouveaux faits à l'appui de mes observations précédentes, par lesquelles j'avais constaté que la pluie résulte du mélange de la vapeur vésiculaire avec la vapeur glacée. »

Mais pourquoi la réunion de ces deux sortes de nuages donne-t-elle lieu au phénomène de la pluie? Est-ce simplement par le fait de l'abaissement de température qui résulte, pour le cumulus, de l'invasion du nuage glacé? La condensation qui en résulte, grossissant ou réunissant les gouttelettes aqueuses, déterminerait leur chute. Hutton donnait de la pluie une théorie à peu près analogue, lorsqu'il l'attribuait au mélange de deux masses d'air saturées à des températures inégales. La température du mélange étant trop basse pour qu'il puisse contenir toute la vapeur des masses réunies, il y a précipitation.

A. Poëy fait intervenir l'électricité dans le phénomène, au moins pour les pluies orageuses et les pluies continues et abondantes. Ce savant donne au nimbus, ou nuage de pluie d'Howard, le nom de pallium, qu'il distingue en deux couches, le pallio-cirrus et le pallio-cumulus. « L'apparition de ces couches, dit-il, annonce le mauvais temps, leur disparition le beau temps. La couche du pallio-cirrus apparaît la première, et, quelques heures ou quelques jours après, celle du pallio-cumulus se forme en dessous. Ces deux couches restent en vue à une certaine distance l'une de l'autre; leur action et leur réaction réciproques produisent les orages et les fortes pluies, accompagnées de décharges électriques. Elles sont électrisées en sens contraire : la couche supérieure de cirrus est négative, et l'inférieure de cumulus est positive comme la pluie qu'elle déverse, tandis que l'électricité de l'air à la surface du sol est négative. Quand ces deux couches s'attirent, une décharge se produit, et la couche inférieure continue à déverser son surplus d'eau sans donner aucun signe d'électricité, pas plus que l'air en contact avec la terre. Cet état se prolonge jusqu'à ce que la couche supérieure se déchire la première, ensuite la couche inférieure, puis elles disparaissent l'une après l'autre et le beau temps revient [1]. » A l'appui de cette théorie, le savant directeur de l'observatoire de la Havane cite des observations faites en ballon en 1786, à Paris, par Testu, en 1852, aux États-Unis, par J. Wise.

Que les attractions électriques, entre deux nuages électrisés en sens contraire, jouent un rôle dans le phénomène des pluies d'orage, c'est ce que semble confirmer un fait bien connu : après chaque coup de tonnerre un peu fort, la pluie redouble d'intensité; les gouttes tombent plus grosses et plus abondantes. Mais l'électricité intervient-elle dans toutes les pluies? Cela nous semble au moins douteux. En tout cas cette intervention n'est pas nécessaire. L'excès de condensation qui résulte d'un refroidissement progressif de masses d'air chargées d'humidité suffit à expliquer le phénomène.

Ce n'est pas seulement dans les pluies d'orage qu'intervient l'électricité. En certains pays, et principalement dans les montagnes, la chute de la neige

---

[1]. *Comment on observe les nuages pour prévoir le temps*, par A. Poëy.

et du grésil est accompagnée de phénomènes électriques singuliers : les objets que portent les voyageurs, leurs vêtements sont fortement électrisés et
eux-mêmes ressentent dans les membres des sensa-
tions de picotement, de chaleur, des chocs qui prouvent que l'air et la neige qui tombe dans l'air forment
un milieu essentiellement électrique.

L'influence de la direction du vent sur la production de la pluie n'est pas douteuse, et dans tous les
climats, quand le vent souffle de la mer vers l'intérieur des terres, la pluie ne tarde point à se produire.
Rien de plus simple que l'explication du phénomène.
Dans l'Europe occidentale, c'est aux vents d'entre le
sud et l'ouest que sont dus la plupart des temps plu-
vieux. Tant que durent les vents de la région opposée
qui amènent des masses d'air desséchées par leur
traversée continentale, où elles se sont débarrassées,
par des condensations successives, de la vapeur d'eau
dont elles étaient chargées primitivement, le temps
est beau et sec, et le ciel serein. Les vents du sud à
l'ouest viennent-ils à souffler, aussitôt on voit appa-
raître les premiers cirrus précurseurs d'un changement de temps. C'est dans les parties les plus froides
de l'air que commence la condensation. Les masses
d'air humide venues de l'Océan affluent; elles ont à
gravir la pente des continents vers lesquels elles se
dirigent, et, à mesure qu'elles montent, la diminution
de pression les oblige à se dilater; comme nous
avons eu déjà l'occasion de le dire, à cette dilatation
correspond une consommation de la chaleur qu'elles
apportent avec elles. Le point de saturation s'abaisse,
l'humidité se condense en nuages de plus en plus
épais, jusqu'à ce que l'air sursaturé ne permette
plus la formation de nouvelles vapeurs. La pluie
commence alors, et sa durée est en rapport avec la
durée des vents qui les renouvellent.

Au cas où la température est au-dessous de zéro ou à zéro même, l'averse de pluie se change en averse de neige; c'est encore ce qui arrive si, dans sa marche, le vent humide rencontre des obstacles, comme des chaînes de montagnes; l'air en mouvement s'élève sur leurs flancs, jusqu'à leurs sommets, où la température peut être assez basse pour que la vapeur condensée se cristallise en flocons neigeux [1].

II

Les cristaux de neige.

La neige ne différant de la pluie que par une température plus basse des nuages d'où elle tombe et des couches d'air que traversent ses flocons, nous n'avons rien à ajouter à ce que nous avons dit des causes de la pluie; elles sont, à cette différence près, les mêmes pour les chutes de neige. Mais nous entre-

1. Babinet a développé, il y a trente ans, dans une notice sur l'*arrosement du globe*, la théorie que nous résumons ici. Voici le passage relatif aux chutes de neige sur les montagnes : « Les masses d'air des mers et des plaines portées par les courants atmosphériques vers les montagnes glissent le long de leurs flancs et s'élèvent par suite à d'immenses hauteurs. Dès lors ces masses se dilatent et se refroidissent prodigieusement : 200 mètres d'élévation donnent déjà 3 degrés de froid; qu'on juge d'après cela du froid qui doit résulter d'un soulèvement égal à la hauteur des Alpes, des Pyrénées, du Caucase, de la Cordillère occidentale des deux Amériques, ou de l'Himalaya d'Asie! Voilà la cause très simple qui fait des chaînes de montagnes le berceau et l'origine des grands fleuves, et déjà, avant de parcourir le globe entier, nous voyons les Alpes d'Europe donner, par le vent humide du sud-ouest, naissance à deux fleuves : le Rhône et le Rhin. Par le vent d'est, ces mêmes Alpes font déposer l'eau qui alimente l'immense bassin du Danube, et enfin, par le vent chaud et humide du sud, la barrière élevée des monts qui sont au nord de l'Italie fait déposer toute l'eau du bassin du Pô et des autres tributaires de l'Adriatique. »

rons dans quelques détails sur les formes singulières
qu'affectent les cristaux constituant les flocons.

Fig. 13. — Forme cristalline de la neige, d'après Musschenbroek.

C'est Kepler qui a le premier reconnu la structure
cristalline de la neige. Musschenbroek, Cassini,
Érasme Bartholin, décrivirent les formes variées des

flocons, qui, à de rares exceptions près, présentent
tous cette particularité, que les fines aiguilles dont ils
sont composés se croisent de mille manières en faisant des angles de 60 ou de 120 degrés. Il en résulte
tantôt des lames hexagonales, tantôt des étoiles à six
branches, simples ou ramifiées, tantôt enfin des

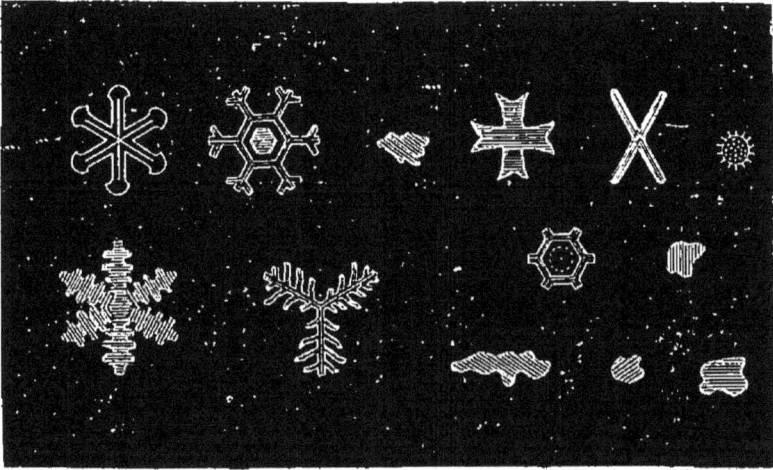

Fig. 14. — Flocons amorphes et cristaux de neige, d'après M. A. Landrin.

triangles, des pyramides, des prismes, mais tellement
diversifiés malgré leur symétrie, qu'ils échappent à
toute description, et que le dessin peut seul en donner
une idée. La figure 13 reproduit quelques-unes des
figures que donnent les planches de l'*Encyclopédie*,
d'après Musschenbroek et Cassini. La figure 15 est la
reproduction d'une partie des 96 formes qui ont été
dessinées, dans les régions polaires, par le capitaine
Scoresby. Enfin dans la figure 14 se trouvent quelques formes nouvelles, cristallines ou amorphes,
reconnues par M. Armand Landrin pendant l'hiver de
1875-1876. D'autres observateurs, Kaemtz, J. Glaisher,
Bechey, Petitot, ont aussi décrit des formes nouvelles, de sorte qu'il est à présumer que ces formes

varient à l'infini, pour ainsi dire, selon les circonstances qui leur donnent naissance.

Scoresby a classé en cinq types principaux les cristaux de neige qu'il a décrits et dessinés. Ce sont :

1° Des cristaux sous forme de lamelles très minces,
très délicates et transparentes; ils présentent plusieurs variétés : *a*) des étoiles à six rayons, hérissées
parfois d'arêtes parallèles aux branches et dans le
même plan; *b*) des hexagones réguliers : les uns sont
de simples lamelles transparentes; d'autres présentent
à l'intérieur du polygone des lignes blanches parallèles
à son contour ou en forme de rayons, d'étoiles, etc.;
c) des combinaisons variées de figures hexagonales,
avec des rayons et des angles saillants disposés de
la façon la plus élégante (Pl. IV : I 1, IV 6, V 8, III 1,
IX 3, etc.);

2° Des flocons à noyau sphérique ou polyédrique,
affectant les figures du premier type, mais hérissés
d'aiguilles dans tous les sens (fig. 14). Le noyau est
parfois transparent, d'autres fois inégal et opaque;

3° Dés aiguilles isolées dont la forme est celle d'un
prisme hexagonal; ces aiguilles sont quelquefois aussi
fines que des cheveux [1];

4° Scoresby n'a observé qu'une seule fois le quatrième type, qui est une pyramide régulière à six
faces (Pl. VI : VI 4);

---

1. C'est la forme que Nordenskiöld observa pendant son hivernage de 1879 sur les côtes de Sibérie. « La neige qui tombait
pendant l'hiver était formée généralement de petits cristaux
isolés ou d'aiguilles de glace. Nous voyions rarement ces beaux
flocons, semblables à des étoiles, dont l'habitant du Nord a si
souvent occasion d'admirer les formes élégantes et variées
comme les figures d'un kaléidoscope. Même par un vent faible
et un temps assez doux, les couches inférieures de l'atmosphère étaient remplies de ces aiguilles de glace, à travers
lesquelles les rayons du soleil se réfractaient en produisant
des halos et des parhélies. ».(*Voyage de la Vega*, t. I.)

5° Des aiguilles prismatiques portant à l'une des
extrémités ou à toutes deux des lamelles hexagonales.
Scoresby ne les a observées que deux fois; mais elles
tombèrent en si grande abondance, que le navire fut
couvert en quelques heures de plusieurs centimètres
de neige.

On sait peu de chose encore, ou plutôt on ne sait
rien sur les conditions qui donnent lieu à la chute de
cristaux de telle ou telle forme. Le seul point qui
paraisse établi, c'est que, dans une averse de neige,
on observe au plus deux ou trois formes différentes
de cristaux, une seule ordinairement. Scoresby a
indiqué les températures qui lui semblaient plus
favorables à certaines variétés cristallines. Kaemtz,
après avoir dit qu'il avait rencontré une vingtaine
de formes non décrites par Scoresby, ajoute qu'il n'en
a jamais trouvé une seule où les cristaux fussent dans
des plans perpendiculaires les uns aux autres. Érasme
Bartholin assurait avoir vu dans la neige des étoiles
pentagonales, et ajoutait que d'autres en avaient observé d'octogonales. Le 16 janvier 1876, M. A. Landrin a vu des cristaux de neige formés d'étoiles à
quatre branches, les unes croisées sous des angles de
60 et de 120 degrés, les autres « ayant la figure de
croix régulières à branches se coupant à 45°, le tout
mêlé à des fragments amorphes ». La figure 14 reproduit ces deux formes particulières.

Kaemtz assure que c'est par un temps calme et
sans brouillard qu'on peut admirer dans toute leur
beauté les formes cristallines régulières de la neige.
« Avec la brume, dit-il, les cristaux sont ordinairement inégaux, opaques, et il semble qu'un grand
nombre de vésicules se sont solidifiées à leur surface,
sans avoir eu le temps de s'unir intimement aux
molécules cristallines. Par le vent, les cristaux sont
brisés et irréguliers; on trouve alors des grains

arrondis composés de rayons inégaux. Dans les Alpes et en Allemagne, j'ai vu souvent tomber des cristaux parfaitement symétriques. Le vent s'élevait-il, c'étaient des grains de la grosseur de ceux du millet ou de petits pois dont la structure était assez peu compacte, ou bien des corps ayant la forme d'une pyramide dont la base était une calotte sphérique. On pouvait rapporter ces corps au grésil, cependant ils se formaient sous l'influence des mêmes conditions météorologiques que les flocons qui tombaient avant le coup de vent [1].

Le *grésil*, en effet, est une sorte de neige caractérisée par de petits grains opaques ayant toute l'apparence de flocons de neige condensés. C'est dans les bourrasques ou giboulées du printemps qu'il tombe le plus fréquemment. Les grains sont parfois assez durs pour qu'on les compare à de petits grêlons. Et de fait, le grésil paraît intermédiaire entre la neige et la grêle.

La densité de la neige est très variable selon la température, l'état hygrométrique, la grosseur des flocons. La neige qui tombe par un temps sec et froid est plus légère et les couches qu'elle forme sur la terre sont moins tassées que celles qui proviennent d'une neige plus humide. La densité est souvent 10, ou 12 fois moindre que celle de l'eau ; Musschenbroek a pesé à Utrecht de la neige formée de cristaux étoilés : il l'a trouvée 24 fois plus légère que l'eau.

---

1. D'après un observateur, M. J. Girard, les dimensions des cristaux de neige varient de 1 à 7 millimètres. Scoresby parle de lamelles du premier type dont le diamètre était de 2 à 3 dixièmes de millimètre. Pour les bien observer à la loupe ou au microscope, il faut les recueillir sur un drap noir, et l'air ambiant doit être assez froid pour que les flocons ne fondent point en tombant ; une température de 2 à 3 degrés au-dessous de zéro est la plus favorable aux observations.

Fig. 15. — Cristaux de flocons de neige, observés par Scoresby.

4

CHAPITRE III

I

La gelée blanche. — Le givre.

Pendant la nuit, les corps situés à la surface du sol
et le sol lui-même, ne recevant plus la chaleur du
Soleil, se refroidissent par voie de rayonnement, et
leur température s'abaisse au-dessous de celle des
couches d'air qui les surplombent. Ce refroidissement est d'autant plus intense que le ciel est plus
clair, plus dégagé de nuages et de brumes, et que la
partie visible du ciel, du point où se trouvent les
corps, est plus étendue. Il est plus considérable si le
corps est mauvais conducteur de la chaleur, ou si
entre le sol et lui est interposé un mauvais conducteur. Dans ces conditions, en effet, l'abaissement de
température dû au rayonnement vers l'espace n'est
compensé que par le rayonnement de l'atmosphère
vers la terre, lequel est comparativement très faible. La
couche d'air en contact avec le sol refroidi se refroidit
elle-même, et si la quantité de vapeur d'eau qu'elle renferme dépasse celle qui correspond à la tension maxi-

mum pour la température du moment, elle se sature
et abandonne à la surface du corps une partie de son
eau de saturation. Les gouttelettes liquides se dépo-
sent et produisent la rosée, tout de même que l'on voit
les parois extérieures d'un vase se couvrir de buée dès
qu'on verse à l'intérieur un liquide plus froid que
l'air. Le phénomène continue, s'accentue même, tant
que la température du sol s'abaisse et qu'aucune cause
extérieure ne vient faire obstacle au rayonnement.

On comprend pourquoi le dépôt de rosée est d'autant plus abondant que le ciel est plus serein et l'air
plus calme. Les nuages tiennent lieu d'écran, et le
rayonnement de leur propre chaleur compense celui
du sol vers l'espace; il empêche ou amoindrit de
même le refroidissement nocturne. Tout abri produit
un effet analogue. Quant à l'action des vents, elle
s'explique aussi aisément : en apportant continuellement aux corps de nouvelles couches qui leur cèdent
leur chaleur, ils atténuent le refroidissement et dès lors
s'opposent à la précipitation de la rosée. Le faible pouvoir rayonnant des métaux, surtout des métaux polis,
leur grande conductibilité rendent leur refroidissement moins prompt et moins intense et expliquent
ainsi parfaitement pourquoi, de tous les corps, ce sont
ceux qui se couvrent le plus difficilement de rosée.

Lorsque, par un nuit calme et sereine, la température du sol s'abaisse au-dessous de 0°, la vapeur de
l'air ne se dépose plus sous la forme d'eau liquide,
mais sous celle de petits cristaux blancs et brillants.
Ce n'est plus la rosée, c'est la *gelée blanche*, dont la
production est soumise aux mêmes lois que celle de
la rosée et qui s'explique de même. Ce qu'il faut
noter, c'est que la congélation ou la cristallisation de
la vapeur d'eau condensée se fait directement à la
surface des corps refroidis, et sans que préalablement
il y ait eu formation de rosée. En effet, si l'eau ne se

congelait qu'après sa réunion en gouttelettes, ce qu'on observerait ce serait de petites sphères de glace transparente, non l'agglomération cristalline opaque à laquelle on donne le nom de gelée blanche [1].

C'est dans les matinées d'automne et de printemps que le phénomène est le plus fréquent. Dans nos climats, les gelées blanches se montrent jusqu'en juin et dès les premiers jours de septembre; mais elles ne sont un peu fortes qu'en avril, mai, octobre, et c'est dans les deux premiers de ces mois qu'elles sont particulièrement redoutées des agriculteurs, à cause de leurs effets fâcheux sur les jeunes pousses des plantes, les bourgeons et les fleurs des arbres à fruit. Dans la petite culture on s'en préserve à l'aide d'abris qui protègent les végétaux contre l'intensité du rayonnement nocturne [2].

Un phénomène analogue au dépôt de la rosée, et dû à des causes semblables, s'observe à l'intérieur

---

1. On remarque souvent que la gelée blanche se forme très peu de temps avant le lever du Soleil, c'est-à-dire, comme il est naturel, au moment du minimum diurne de température. Mais avant cet instant n'y avait-il pas eu dépôt préalable de rosée? Il nous paraît probable que les deux phénomènes peuvent se succéder et peut-être se superposer, soit que la rosée coexiste avec les cristaux de givre, soit que chaque gouttelette très fine se congèle en se cristallisant spontanément.

2. Tyndall, dans son ouvrage sur *la Chaleur*, cite à ce sujet le passage suivant de l'*Essai* de Wells : « Dans l'orgueil d'une demi-science, j'ai souvent souri des moyens fréquemment employés par les jardiniers pour protéger les plantes délicates contre le froid, parce qu'il me semblait impossible qu'un mince paillasson ou quelque autre abri de cette espèce pût les empêcher de descendre à la température de l'atmosphère, par laquelle seule je les croyais exposées à être endommagées. Mais quand j'eus appris que les corps à la surface de la terre deviennent, pendant une nuit calme et sereine, plus froids que l'atmosphère, en rayonnant leur chaleur vers les cieux, je trouvai dans ce seul fait la raison suffisante d'une pratique qu'auparavant j'avais jugée inefficace et inutile. »

des appartements. Le matin, après une nuit fraîche, on trouve les vitres des fenêtres couvertes intérieurement d'une buée abondante. La mince couche de verre s'est refroidie par rayonnement et la vapeur d'eau de l'air de la chambre s'est condensée à sa surface. En hiver, l'abaissement de la température est assez grand

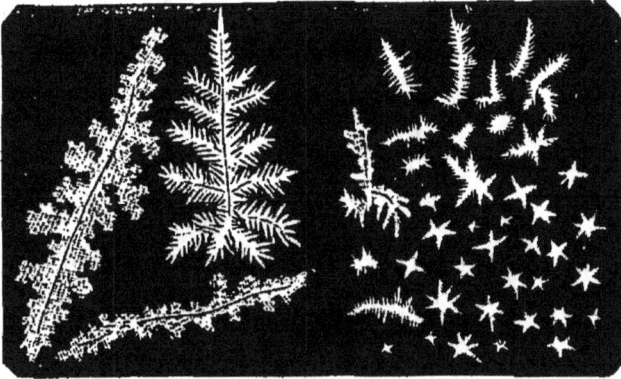

Fig. 16. — Cristaux de givre.

pour que la vapeur se dépose sur les vitres à l'état cristallin et y forme ces arborisations, ces fines dentelures que chacun de nous a pu admirer.

Quelquefois on donne le nom de *givre* aux cristaux de la gelée blanche; mais il est préférable de réserver ce nom aux dépôts analogues qui se forment dans des circonstances différentes, et qui recouvrent tous les objets extérieurs, notamment les branches d'arbres, les brindilles des végétaux, les fils d'araignée dont ils sont entremêlés, etc. Le givre se forme aussi bien le jour que la nuit; il se dépose surtout lorsque, après un froid très vif qui a maintenu un peu longtemps les corps à une température très basse, survient un vent chaud et humide, dont la vapeur se précipite abondamment à leur surface et s'y congèle instantanément. C'est la même cause qui détermine le dépôt du givre sur la barbe des personnes qui sortent par un froid un peu intense. Leur haleine chargée de vapeur se condense sous forme de nuage

Fig. 17. — Cristallisations arborescentes des vitres à l'intérieur des appartements.

au dehors et se congèle au contact des poils qui, mauvais conducteurs de la chaleur, ont pris la température extérieure et s'y maintiennent.

II

Formation de la glace à la surface des eaux dormantes et des cours d'eau.

La neige, le grésil, la grêle sont des formes particulières de l'eau météorique condensée dans l'atmosphère et congelée. Cette congélation se produit sous des influences que nous avons étudiées plus haut. Il nous reste à dire un mot de la glace proprement dite, qui se forme à la surface de la terre, ou plutôt à la surface des eaux terrestres, toutes les fois que leur température s'abaisse d'un nombre suffisant de degrés au-dessous de zéro.

C'est à zéro même que se forme la glace dans les eaux superficielles ou peu profondes. Si l'air est calme et l'eau immobile, une mince couche de glace transparente commence par recouvrir toute la surface à partir des bords; puis cette couche s'épaissit peu à peu, par la solidification des tranches d'eau sous-jacentes, jusqu'à ce que toute la masse d'eau soit prise. Lorsque la congélation a lieu par une brise qui agite légèrement et ride la surface de l'eau, on voit de petits cristaux se former et s'entre-croiser; une sorte de bouillie à moitié liquide, à moitié solide, recouvre toute cette surface, qui alors a l'aspect de neige à demi fondue. Dans ce cas la couche de glace devenue tout à fait solide est légèrement rugueuse et opaque. D'après les observations d'un savant météorologiste suisse, M. Forel, la formation des glaçons à la surface du lac de Genève présente parfois une particularité curieuse : c'est lorsque cette surface est agitée par le vent. On voit alors se former des glaçons aplatis, circulaires, qui, en se serrant les uns contre les autres, produisent sur leurs contours des bourrelets de glace blanchâtre; ces sortes de gâteaux, d'abord assez petits, atteignent jusqu'à 2 mètres de diamètre; ils finissent par se souder en une nappe unique dont la surface est sillonnée en tous sens par les bourrelets marginaux dont il vient d'être question.

Les eaux courantes ou mobiles, même sous une faible profondeur, demandent pour se congeler une température plus basse que zéro; mais, une fois la congélation commencée, la glace s'accroît progressivement si le froid persiste. C'est ainsi que se produisent ces stalactites de glace qui pendent aux toits des maisons après une fusion momentanée de la neige et la reprise de la gelée pendant la nuit. Pendant les hivers rigoureux ce phénomène se montre sur une plus grande échelle dans les chutes d'eau, les cascades. La figure 18, représentant les îlots glacés qui se forment ainsi au milieu des cataractes du Niagara, donne une idée des dimensions gigantesques que peuvent prendre les glaçons, quand le froid est assez intense pour immobiliser l'eau dans sa chute.

Dans les eaux immobiles et profondes comme celle des lacs, ce n'est que lorsque toute la masse a passé par la température du maximum de densité, + 4°, que la congélation peut avoir lieu. Il arrive parfois cependant qu'un froid intense et subit peut solidifier la surface d'un lac avant que l'équilibre des couches ait eu le temps de s'établir. Nous avons donné dans notre premier chapitre l'explication de ces phénomènes, particuliers aux lacs d'une grande profondeur.

Les rivières et les fleuves exigent, pour être pris dans toute leur masse, une température beaucoup plus basse que 0°. C'est ainsi que la Seine à Paris ne se solidifie guère qu'à — 14°. Mais bien avant que la congélation envahisse toute la surface du courant, il se forme des blocs de glace plus ou moins volumi-

neux, que l'eau charrie et qui flottent en vertu de leur
moindre densité. Plus les glaçons deviennent nombreux, plus leurs dimensions augmentent dans tous
les sens par le fait de l'adjonction de nouvelles couches

Fig. 18. — Stalactites de glace aux chutes du Niagara.

liquides solidifiées, plus leur marche se trouve ralentie
par leur contact et leur choc. Arrive un moment
où peu à peu, sous l'action continue d'un froid intense
et prolongé, ils se soudent ensemble, recouvrant dans
toute sa largeur le cours d'eau qui les porte. L'écoulement ne se fait plus alors qu'au-dessous de cette

croûte de glace plus ou moins épaisse : la rivière est *prise*.

Mais quel est le mode de formation des glaçons que

Fig. 19. — La Seine charriant des glaçons.

charrient les fleuves? On croyait jadis que la congélation commençait par l'eau des rives, là où la rapidité du courant est moindre et au niveau de la surface. Une partie des glaçons doit sans doute son origine à ce mode de solidification. Mais les observations et les expériences de Desmarest et de Brauns ont démontré que c'est généralement sur le fond de la rivière que la majeure partie des glaçons prennent naissance. Le premier de ces physiciens « vit les glaçons se former dans un canal dépendant de la papeterie de Montgolfier à Annonay, et, après s'être traînés quelque temps sur le fond, venir flotter à la surface ». Il rapporte aussi qu'un ponton submergé au fond du Leck et qu'on n'avait pu en retirer, vint flotter à la surface l'hiver suivant, supporté par un énorme glaçon. Brauns a vu des glaçons s'élever du fond de l'Elbe, et il a constaté l'existence de bancs de glace au fond de ce fleuve. Ces sortes d'observations ont été répétées depuis par d'autres physiciens. « Il nous reste à expliquer, dit M. Daguin à qui nous empruntons les faits précédents, comment les glaçons prennent naissance au fond des rivières, avant de venir flotter à la surface. Quand il fait grand froid, l'eau descend à une température inférieure à 0° jusqu'au fond, par suite des mouvements qui en mélangent toutes les parties. Le fond lui-même prend donc aussi cette température.

« Cependant la congélation ne se fait pas, à cause de l'agitation des molécules de l'eau. Mais le liquide emprisonné entre les graviers et les débris de diverses sortes du fond se trouve dans un repos qui lui permet de se congeler. Les parcelles de glace ainsi formées servent de noyaux autour desquels la congélation continue, de manière que les glaçons s'accroissent en soulevant l'eau de la rivière, au point quelquefois de la faire déborder et même de former des îlots fixes de glace qui dépassent le niveau. Les glaçons sont retenus sur le fond, soit parce qu'ils sont soudés aux parties fixes, soit parce que les graviers qu'ils retiennent les surchargent suffisamment. Quand le glaçon est assez épais pour que la poussée du liquide puisse le soulever, il monte à la surface [1]. »

Cette théorie, due à Desmarest, a été confirmée par les expériences de Brauns, qui a constaté que la glace se dépose de préférence sur les corps rugueux. Les pierres raboteuses dont les lits des rivières sont parsemés favorisent donc la formation des glaçons.

La question, du reste, a été longtemps controversée, depuis Mairan qui regardait comme erronée l'opinion qui veut que les glaçons se forment au fond du lit des eaux courantes, jusqu'aux nombreux observateurs contemporains qui en soutiennent l'exactitude. François Arago a cité nombre de faits positifs en sa faveur; Gay-Lussac n'y croyait point. Aujourd'hui encore, il existe des partisans des glaces de fond, et d'autres des glaçons uniquement formés à sa surface et sur les bords des fleuves. Nous croyons que les uns et les autres sont dans le vrai, en soutenant que les glaçons se forment tantôt au fond, tantôt à sa surface, et que le seul tort consisterait à considérer comme exclusif chaque mode de formation.

Mais l'explication de Desmarest basée sur le calme relatif des couches aqueuses du fond, qui se prennent en masses solides par leur contact avec les cailloux dont la température est beaucoup plus basse que zéro, a été heureusement complétée, croyons-nous, en faisant intervenir le rayonnement du fond du fleuve au travers de la couche liquide transparente.

Voici notamment ce qu'un ingénieur civil de Guebviller (Haute-Alsace), qui a observé le phénomène des glaces de fond, écrit à ce sujet à *la Nature* (n° du 28 février 1891) : « Quant à la cause du phénomène, dit M. Franger, elle réside dans le refroidissement par rayonnement du lit du cours d'eau; ce rayonne-

1. Daguin, *Traité de physique*, t. II.

ment, favorisé par les saillies des cailloux, n'est, en effet, aucunement entravé par l'eau; lorsqu'elle est claire, elle laisse passer les rayons calorifiques exactement comme l'air, et sans que la température en soit affectée sensiblement; les cailloux de fond se refroidissent donc tout comme le sol extérieur environnant et ils ne tardent pas à congeler l'eau avec laquelle ils sont en contact lorsque la température de cette eau est voisine de 0°. On trouve la confirmation pratique de cette explication dans les conditions mêmes qui, dans la nature, sont indispensables à la production des glaces de fond; en effet, toutes les circonstances qui sont défavorables au rayonnement l'entravent et l'empêchent même, tandis que celles qui sont favorables au rayonnement la favorisent d'une manière indiscutable. C'est ainsi qu'on ne rencontre que très peu ou pas de glace de fond dans une eau trouble ou trop profonde qui ne laisse pas passer les rayons calorifiques, ou dans une eau dont le courant trop faible ne peut pas s'opposer à la formation des glaces superficielles; tandis qu'on les voit se produire sûrement et énergiquement, dans le cours moyen des fleuves, là où l'eau est claire, pas trop profonde, et où le courant est assez rapide pour maintenir la surface nette de glace, et empêcher les graviers du fond de se couvrir de vase. »

Dans les hivers longs et rigoureux, les fleuves se couvrent d'une masse considérable de glaces, qui, lorsque survient un brusque dégel, se brisent avec un bruit formidable, pareil aux détonations d'artillerie. Puis tous les blocs, arrêtés auparavant par leur soudure, se remettent en marche, s'amoncelant quelquefois dans les parties du fleuve qui offrent un obstacle à leur mouvement, puis se déversent hors de leur lit, brisant tout sur leur passage. On nomme *embâcles* ces accumulations de glaçons qui suivent de près le

dégel ou la *débâcle* proprement dite. En janvier 1880,
après les froids exceptionnels de ce mois, la Seine, la
Loire, la Saône virent se former des embâcles qui

Fig. 20. — Embâcle de la Loire à Villebernier (environs de Saumur),
en janvier 1880.

obstruèrent leurs lits sur une longueur considérable,
et qu'on ne put détruire qu'à grands renforts de
dynamite. Voici, d'après M. F. Schrader, la description de l'embâcle de la Loire qui a menacé un mois
durant la ville de Saumur : « Comme toutes les

rivières françaises, la Loire s'était couverte d'un manteau de glace pendant tout le mois de décembre.

Fig. 21. — Glaçons de l'embâcle de la Loire.

Au commencement de janvier, le froid cessa brusquement, la température remonta au-dessus de zéro, et, le 7 janvier, toute la surface glacée, épaisse de 50 centimètres à peu près, se mit en mouvement,

glissant vers la mer en larges banquises blanches. La
Loire est généralement très large, mais rarement
très profonde. Les montagnes d'où elle descend ne
sont pas assez hautes pour lui donner une provision
d'eau bien constante. Quand il pleut beaucoup, elles
en donnent trop; la sécheresse d'été, le froid d'hiver
venus, elles n'en donnent plus assez. Aussi le sable
poussé par les crues de chaque année se répand-il en
larges bancs dans le lit du fleuve, et quand les eaux
baissent, on voit de partout les nappes sablonneuses
surgir à fleur d'eau, arrêter ou rider le courant. Précisément, le 7 janvier, il n'y avait pas beaucoup
d'eau. En arrivant à 2 kilomètres en amont de Saumur, quelques glaçons s'arrêtèrent à la pointe de l'île
Offard, qui porte un faubourg de la ville. D'autres
s'échouèrent sur les bancs de sable qui encombraient
le courant; puis, contre ces premiers obstacles, vint
s'entasser une masse sans cesse croissante de grands
glaçons, vrais rochers de cristal qui formèrent bientôt
une digue continue sur toute la largeur du fleuve. Et
tandis qu'à Saumur même la Loire, dégagée de glaces,
coulait doucement sous les arches des ponts, une muraille blanche s'élevait d'heure en heure à quelques
kilomètres plus haut, sans cesse plus compacte, plus
épaisse, plus menaçante. Au bout de deux jours, le
fleuve était rempli de glace sur une longeur de plus
de 9 kilomètres, jusqu'en amont de l'embouchure de
la Vienne. A la pointe des îles, sur les promontoires
du rivage, les blocs avaient monté jusqu'à la hauteur
d'un étage, se précipitant dans les prairies, glissant
en avant sous la poussée de ceux qui les suivaient,
écrasant les arbres, bouleversant les terres, menaçant
les maisons. » Une reprise soudaine de froid souda
toute cette effroyable masse et l'on put craindre qu'un
nouveau dégel ne l'emportât, poussée par une crue
de la Loire, entre les ponts et les quais de Saumur.

On réussit à ouvrir, à l'aide de la dynamite, un canal dans cet amas; le dégel se fit lentement et la débâcle entraîna peu à peu, après un mois d'immobilité, les glaçons que la tiédeur de l'atmosphère avait heureusement ramollis et émiettés.

III

Formation de la glace sur les eaux de la mer.

La salure et l'agitation de l'eau de la mer sont des causes de retard pour son point de congélation, qui ne se produit d'ailleurs annuellement que dans les latitudes élevées, et à une faible distance des côtes. Les nombreuses expéditions qui ont eu lieu dans les régions polaires, les descriptions laissées par les navigateurs et les savants qui les ont explorées, ont rendu populaire la physionomie des champs de glace, des accumulations de glaçons ou banquises, des glaces flottantes qui forment pour ainsi dire le fond des paysages arctiques ou antarctiques pendant une grande partie de l'année. Mais il y a lieu de distinguer les glaces polaires sous le rapport de leur origine ou de leur mode de formation. Voici la classification qu'en donne Nordenskiöld dans son récit du *Voyage de la Vega autour de l'Asie et de l'Europe :*

« 1° *Icebergs.* — Les véritables *icebergs* atteignent parfois une hauteur de 100 mètres au-dessus de la surface de la mer, et s'enfoncent souvent de 200 ou 300 mètres au-dessous. Leur hauteur totale mesure par suite quelquefois de 400 à 500 mètres, et leur superficie peut atteindre plusieurs kilomètres carrés. De pareils blocs ne se détachent, dans le nord de l'océan Glacial, que des glaciers du Groenland et aussi, d'après Payer, de ceux de la Terre François-

Joseph. Ils proviennent, non pas, comme quelques auteurs, Geikie, Brown et d'autres, l'ont écrit et

Fig. 22. — Icebergs d'un fiord groenlandais [1].

J. Les icebergs que représente la figure 22 ont été observés par le docteur J. Hayes, pendant son voyage au Groenland, dans le fiord d'Aukpadiartok (vers le 73° degré de latitude), et

ont voulu le prouver par des dessins inexacts, de glaciers qui s'avancent dans la mer et se terminent par une tranche de glace escarpée et à cassure régulière, mais, au contraire, de glaciers très irréguliers qui, longtemps avant d'atteindre la mer, sont fractionnés en masses énormes et débouchent dans des fiords profonds.

« Les auteurs qui écrivent sur la formation des *icebergs* devraient remarquer que ces glaçons ne se forment que dans les endroits où la masse glaciaire subit un mouvement violent, mouvement qui, dans un temps relativement court, a pour conséquence le creusement du fiord. Le plus grand iceberg qui ait été vu, à ma connaissance, dans la mer comprise entre le Spitzberg et la Terre de Wrangel, est celui que rencontra Barentz, au cap Nassau, le 17/7 août 1596. Il atteignait une hauteur de seize toises et était échoué par trente-six. Dans l'océan Glacial antarctique, les icebergs doivent être très nombreux et de proportions colossales. Si l'on admet qu'ils se forment dans ces parages de la même manière qu'au Groenland, un vaste continent échancré par de nombreux fiords doit environner le pôle austral.

« 2° *Blocs de glace (iceblocks) provenant des glaciers.* — Ces glaçons, que l'on désigne souvent à tort sous le nom d'*icebergs*, s'en distinguent par leurs dimensions et par leur mode de formation. Ils ont rarement une épaisseur dépassant trente à quarante mètres, et ne s'élèvent qu'exceptionnellement d'une dizaine de mètres au-dessus de l'eau. Ils proviennent

le dessin que nous en donnons est la reproduction d'une épreuve photographique. « On amarra la *Panthère*, dit le célèbre voyageur, à un iceberg; nous prîmes un bateau pour serpenter longuement au milieu des glaçons; nous traversâmes force endroits dangereux, entre autres une arche ouverte dans une énorme montagne de glace. »

du *velage* des glaciers qui se terminent sur la mer par une tranche à pic et partout d'égale hauteur.

« De pareils courants de glace existent en très grand nombre sur les côtes du Spitzberg, ayant tous à peu près la même hauteur et la même section régulière que les glaciers analogues du Groenland. D'après le Danois Peterson, le compagnon de Kane dans son célèbre voyage de 1853-1855, et de Torell en 1861, ces glaciers du Spitzberg, par exemple ceux de l'Hinlopen-Strait, seraient, pour leur grandeur et la hauteur de leur tranche au-dessus de la mer, tout à fait comparables au puissant glacier de Humboldt, au Groenland, qui a fait l'objet de tant de descriptions. On trouve également, en deux endroits du Spitzberg, des réductions des énormes fleuves glacés du Groenland; tels, par exemple, le glacier qui remplit le Havre du Nord (Nord-Havn) dans le Belsound, et un autre qui a envahi un ancien mouillage des baleiniers hollandais, entre la baie de la Recherche et la Van-Keulen-Bay. Le glacier situé sur la côte nord de la baie Wahlenberg et peut-être la portion de la glace continentale représentée comme un golfe de la côte orientale de la Terre du Nord-Est, sur la carte de mon voyage de 1872, appartiennent également à cette catégorie. Peut-être même de petits icebergs se détachent-ils de cette mer de glace, pour dériver ensuite dans la mer qui baigne à l'est le Spitzberg.

« La glace des glaciers a, sans cause apparente, une grande tendance à se déliter en petits fragments. Elle est pleine de bulles, remplies d'air comprimé. Au moment de la fonte, cet air fait éclater les cavités dans lesquelles il est renfermé, avec un bruissement analogue à celui qui accompagne l'étincelle électrique. Ce phénomène peut se comparer à celui que produit une espèce de sel gemme (sel gemme pétillant) qui se dissout dans l'eau en produisant de petites explosions. Barentz rapporte que le 20/10 août 1596, il était mouillé sur un bloc de glace échoué à la côte septentrionale de la Nouvelle-Zemble; soudain ce glaçon se rompit en des milliers de morceaux, avec un fracas de tonnerre, au grand effroi de tout l'équipage. J'ai été témoin de phénomènes analogues, mais moins importants. Dans le glacier, le bloc de glace a été soumis à une pression considérable, qui a cessé aussitôt qu'il est tombé dans la mer. Le plus souvent, cette pression se répartit sans rupture, mais parfois aussi l'intérieur du glaçon, fortement comprimé, bien que la pression extérieure ait cessé de s'exercer, ne peut librement se dilater, par suite de la glace compacte qui l'environne. Il en résulte une tension intérieure considérable dans toute la masse, qui finalement se brise en mille morceaux. On a ainsi une sorte de *larme batavique*, mais dont la section peut atteindre 50 mètres, et formée non de verre, mais de glace. Telle est l'explication que l'on peut donner de ce phénomène. »

Les blocs de glace provenant de glaciers sont très nombreux sur les côtes du Spitzberg et au nord de la Nouvelle-Zemble, mais ne se trouvent pas, ou tout au moins sont très rares, sur la côte septentrionale de l'Asie, entre le Jugor Schar et la Terre de Wrangel.

A l'est de cette terre, ils reparaissent, mais en petite quantité. Cette remarque semble indiquer que l'océan Glacial de Sibérie n'est pas entouré de terres couvertes de glaciers.

Ordinairement la glace des glaciers a une couleur bleue. Elle donne en fondant une eau potable, quelquefois légèrement salée, par suite de l'embrun que les tempêtes lancent très haut sur les glaciers.

« 3° *Glaçons provenant des isfot (pieds de glace) formés en hiver sur les bords des rivières ou le long de la côte.* — Ils s'élèvent parfois de cinq à six mètres au-dessus de la surface de l'eau, et généralement sont formés de glace mêlée de terre.

« 4° *Glace de fleuve* (*flodis*). — Champs de glace plats, relativement petits. Lorsqu'ils arrivent à la mer, ils sont déjà crevassés et par suite fondent très rapidement.

Fig. 23. — Glaçons de la presqu'ile des Tshuktschis.

« 5° *Bay-is*. — On désigne sous ce nom des champs de glace plats, qui se sont formés dans des fiords ou dans des échancrures de la côte, et qui ont été exposés à une température estivale prématurée. Le *bay-is* fond complètement en été et est ordinairement peu compact.

« 6° *Glace de mer* (*hafsis*). — Glace qui s'est formée dans les mers très avancées du Nord.... C'est principalement de cette glace que sont formés les champs à l'est du Groenland, au nord du Spitzberg, entre cette dernière terre et la partie septentrionale de la Nouvelle-Zemble, ainsi qu'au nord du détroit de Bering. La glace de mer est souvent empilée en grands *toross* (ou *hummoks*). Sous ce nom, on désigne des monceaux de glaçons primitivement anguleux et librement empilés les uns sur les autres, mais qui, peu à peu, se sont arrondis et soudés les uns aux autres en blocs gigantesques. Ces glaçons forment, avec ceux qui proviennent des glaciers, la masse principale des *grundis* que l'on rencontre sur les côtes des terres polaires. L'eau résultant de la fusion

Fig. 24. — Toross formé dans le voisinage des quartiers d'hiver de la *Vega*.

de la glace de mer est légèrement saumâtre, mais sa salure diminue à mesure que cette glace devient plus ancienne [1]. »

On voit par cette nomenclature des glaces polaires que la plupart proviennent des glaciers, ou de la congélation qui se produit le long des côtes. Les

1. A.-E. Nordenskiöld, *Voyage de la Vega autour de l'Asie et de l'Europe*, t. I.

fiords en fournissent aussi une notable partie. Cependant la formation de la glace à une certaine distance
en pleine mer a été maintes fois constatée. Scoresby
l'a observée jusqu'à 20 lieues des côtes. La surface de

Fig. 25. — Fiord glacé du Groenland.

l'eau se recouvre d'un nombre infini de petits cristaux qui se brisent et s'enchevêtrent par le fait de
l'agitation des vagues; ils finissent par se souder
ensemble et à constituer une croûte qui s'épaissit
avec d'autant plus de rapidité que la mer est plus
calme; en un seul jour, le champ de glace ainsi formé
peut prendre 6 à 8 centimètres d'épaisseur, pour
atteindre en totalité 7 à 8 mètres. Mais cet accroisse-

ment est dû en partie à la neige qui tombe à la surface
du champ, qui fond en été et se congèle ensuite en
hiver. Les tempêtes brisent les champs de glace, et
leur fragments contigus, entraînés par le vent et les
courants, vont former les *packs* ou *banquises*, que
les navigateurs des mers polaires rencontrent si fréquemment sur leur route. Dans la mer de Kara, la
faible salure des couches d'eau superficielles et la
basse température qui règne en hiver, déterminent
la production d'une épaisse couche de glace qui, bien
que brisée de bonne heure, n'a point d'issue vers une
mer ouverte toute l'année. Aussi l'énorme banquise,
s'accumulant sur la côte orientale de la Nouvelle-
Zemble, y obstrue les trois détroits qui la font com-
muniquer avec l'Atlantique. C'est là, d'après Nordenskiöld, l'origine du surnom de *glacière* donné à
la mer de Kara.

IV.

Le verglas.

Dans le prochain chapitre, nous achèverons ce qui
nous reste à dire des glaces polaires, puis nous traite-
rons des glaciers. Revenons un instant dans la zone
tempérée, et disons quelques mots du *verglas*.

Tout le monde sait que si un dégel subit succède
à un froid rigoureux et prolongé, l'élévation de température des couches d'air ne se communique que
fort lentement au sol et aux objets mauvais conducteurs de la chaleur qui reposent à sa surface. Ces
objets sont encore au-dessous de 0°, quand l'air doux
et humide est assez chaud pour que l'eau atmosphérique puisse tomber à l'état de pluie et de bruine.
Alors, par son contact avec des corps de basse tem-

pérature, cette eau se congèle et les recouvre d'une mince couche de glace unie et transparente, à laquelle on donne le nom de *verglas*. Il est rare que cette couche séjourne longtemps sur le sol; à moins qu'il n'y ait une reprise du froid, l'eau cède sa chaleur aux objets et le dégel continue.

Quelquefois le verglas est déterminé par la fusion de la neige sous l'influence de la chaleur du Soleil. Le rayonnement nocturne refroidit assez l'eau ainsi produite pour la congeler.

Le verglas peut encore se produire dans des conditions tout à fait différentes de celles que nous venons d'énumérer, et qui ne permettent point d'attribuer au phénomène la cause que nous venons d'indiquer, c'est-à-dire la congélation subite de l'eau par son contact avec des corps de basse température. Dans le courant de janvier 1879, on a observé en effet, en diverses régions de la France, un verglas extraordinaire, qui a causé à la végétation, aux forêts, des dégâts énormes. Citons quelques faits [1], tous observés aux mêmes dates des 22, 23, 24 janvier. D'après M. Decharme, à Angers « l'épaisseur de la glace formée sur les arbres, sur les fils métalliques et sur tous les objets extérieurs, a atteint 2 centimètres : certaines feuilles d'arbustes étaient chargées d'un poids de glace égal à cinquante fois leur propre poids. Un grand nombre de branches d'arbres se sont brisées, lorsque le commencement du dégel est venu interrompre la continuité entre la couche de glace qu'elles portaient et celle qui couvrait les branches plus grosses. »

Une particularité importante, signalée par M. E. Nasse (à Épernay), c'est que le verglas se formait sur des corps qui ne pouvaient être à une basse tempé-

_____

1. *Comptes rendus de l'Académie des sciences pour 1879*, t. I.

rature par exemple, « on a pu observer une croûte de glace épaisse se formant progressivement sur les parapluies, sur les vêtements de personnes qui sortaient d'appartements chauffés ».

M. Godefroy, qui observa le phénomène à la Chapelle-Saint-Mesmin (Loiret), en décrit ainsi les circonstances :

« Pendant trois jours consécutifs, les 22, 23 et 24 janvier 1879, la pluie n'a cessé de tomber, et cependant le thermomètre se maintenait à 2, 3 et même 4 degrés au-dessous de zéro. Le pluviomètre accusa, pour ces trois jours, 36^{mm},3. Une partie seulement de cette eau se congela sur les objets qu'elle atteignit dans sa chute:

« Lorsque la pluie était peu abondante, chaque gouttelette se solidifiait instantanément, même sur des objets chauds; elle affectait alors la forme de petites pastilles aplaties et irrégulières; le phénomène était surtout remarquable sur les étoffes de laine, et était manifestement dû à ce que ces gouttelettes avaient été amenées à l'état de surfusion par leur passage au travers de l'air froid. La solidification se produisait au moment où les gouttes rencontraient les corps solides. Lorsque, au contraire, la pluie était abondante, les choses se passaient autrement : une portion de l'eau se transformait immédiatement en glace; l'autre partie roulait sur les objets et le sol, dont elle suivait les pentes naturelles; pendant ce trajet sur des corps froids, au sein d'une atmosphère glaciale, une nouvelle couche de glace se formait et produisait des stalactites.

« Le poids des branches recouvertes de glace augmenta de plus en plus : dès la première nuit, plusieurs furent brisées. Dans la soirée du second jour, le phénomène prit des proportions effrayantes. Toute la nuit, les craquements se succédèrent avec une rapidité toujours croissante : le lendemain matin, les branches arrachées et brisées jonchaient le sol; des arbres entiers gisaient déracinés; d'autres, et des plus grands, étaient fendus en deux depuis le sommet jusqu'à la base.... On ne sera pas étonné de ces effets extraordinaires, si l'on a égard aux chiffres suivants. Une brindille de tilleul fut pesée : la balance accusa 60 grammes par décimètre de longueur! cette même brindille, dépouillée de la glace qui l'entourait, ne pesait que 0^{gr},5. Une feuille de laurier portait une carapace de glace de 70 grammes. »

A Fontainebleau, M. Piébourg constata qu'une couche de glace de 2 à 3 centimètres couvrait complètement le sol. « Cette couche de glace, dit cet observateur, adhérait aux toits, s'attachait aux parois verticales des murs; nous avons vu des perrons dont les contre-marches en étaient revêtues sur une épaisseur presque aussi grande que les marches elles-mêmes. » Comme à Saint-Mesmin, les végétaux éprouvèrent d'énormes dégâts. Dans le parc et la forêt, les effets du verglas furent désastreux. Le poids considérable de la gaine de glace qui enveloppa les branches, petites et grosses, et jusqu'aux troncs, en fit ployer et rompre un grand nombre. « Des arbres tout entiers, parmi les plus gros du parc, ont été soit brisés avec fracas, soit courbés jusqu'à voir leurs cimes toucher la terre, soit enfin arrachés dans les endroits où le sol sablonneux était moins résistant. Nous en avons mesuré un, entre autres, qui n'avait pas moins de 2^m,20 de circonférence à la base et de 37 mètres de hauteur, lequel était rompu à 4^m,50 environ au-dessus du sol. » Les arbres ou arbustes à feuilles persistantes, qui avaient résisté pendant le verglas, grâce au soutien que se prêtaient mutuellement leurs branches, furent dépouillés au moment du dégel : « la glace qui reliait entre elles

Fig. 26. — Le verglas du 25 janvier 1879 dans la forêt de Fontainebleau.

les différentes têtes de rhododendrons, par exemple,
ayant fondu d'abord, chaque branche a été entraînée
par le poids de la tête, encore chargée d'une couche
assez épaisse ».

Ce que nous avons surtout à retenir de ce phénomène extraordinaire, ce sont les circonstances qui
l'ont accompagné : une pluie continue durant plusieurs jours; une température de l'air, et par conséquent des gouttes de pluie elles-mêmes, notablement
inférieure à zéro (de — 2° à — 4°); enfin le calme
complet de l'atmosphère. La plupart des savants qui
se sont occupés de la question ont invoqué sur-le-
champ l'état de surfusion des gouttes d'eau maintenues à l'état liquide, malgré leur basse température,
par l'absence de toute agitation; le contact des corps
sur lesquels elles tombaient, déterminait la congélation instantanée. Cette explication n'était du reste
point nouvelle : elle avait été donnée seize ans auparavant par un météorologiste français, M. E. Nouel,
dans une note qu'insérait l'*Annuaire de la Société
météorologique de France pour 1863*, et que ce savant
résume lui-même en ces termes : « J'ai fait voir, dit-il,
que les grands verglas ne sont pas dus, comme on le
croyait, à une pluie *au-dessus de zéro*, se gelant en
partie par son contact avec des objets dont la température est inférieure à zéro, mais qu'ils prennent
naissance par suite d'une pluie à plusieurs degrés
au-dessous de zéro, en surfusion, tombant à travers
une atmosphère *au-dessous de zéro*, et se congelant
à la surface des objets, d'une manière continue, par
l'effet de la température ambiante. »

Le verglas de janvier 1879 a présenté, comme on
vient de le voir, des circonstances tout à fait exceptionnelles; mais si avec de telles proportions le
phénomène est très rare, il n'était pas inconnu
cependant. MM. Colladon, Vogt en ont rappelé des

exemples. En février 1830, M. Boisgiraud a observé un verglas formé par de grosses gouttes de pluie tombant sur des corps dont la température était supérieure à zéro et qui déposa d'épaisses couches de glace sur les parapluies et les vêtements. Observations analogues de MM. Colladon et Vallès, en 1838, dans le département des Bouches-de-Rhône; de M. Vogt, en janvier 1856, à Genève; de M. Collin, le 4 janvier 1879, en Floride. Dans ces divers cas, le dernier excepté, les effets du verglas furent loin d'atteindre ceux du verglas du 23 janvier. Mais il semble tout à fait probable qu'ils sont dus à la même cause, l'état de surfusion des gouttes de pluie.

M. de Tastes [1] a rappelé que « Saussure, dans ses célèbres observations faites au col du Géant, avait constaté que les gouttelettes microscopiques d'*eau liquide* constituant les brouillards pouvaient résister à la congélation dans un air à une température très inférieure à zéro ». C'est la même cause qui maintient les gouttes de pluie liquides dans l'air, pourvu qu'il soit calme et que sa température ne soit pas inférieure à — 5°. M. Jamin a indiqué une condition pour que ces gouttes puissent parvenir jusqu'au sol en conservant l'état liquide : c'est que les couches d'air soient purgées de poussières par d'abondantes et récentes chutes de neige. Dans un air agité, les gouttes, en se choquant les unes contre les autres, se solidifient comme si elles rencontraient des corpuscules, comme si elles touchaient le sol même. La réunion de ces conditions n'est point ordinaire, et cela explique pourquoi le phénomène est si rare.

1. M. de Tastes a cherché l'origine du phénomène, qu'il croit pouvoir rattacher aux bourrasques qui traversent, du nord-ouest au sud-est, l'Europe occidentale. (Voir les *Comptes rendus de l'Académie des sciences pour 1879*, t. I.)

CHAPITRE IV

LA NEIGE ET LA GLACE A LA SURFACE DU GLOBE

I

Les climats.

Ce qui, pour nous autres habitants de la zone
tempérée, constitue vraiment la saison d'hiver, lui
donne sa physionomie caractéristique, c'est la glace,
c'est la neige. Lorsque, par le fait d'un état météorologique particulier, d'ailleurs assez rare, il ne gèle
pas pendant les trois ou quatre mois qui vont de la
fin d'octobre aux premiers jours de mars, et qu'aucun
flocon de neige n'a blanchi la terre, nous disons
volontiers qu'il n'y a pas d'hiver. L'abondance des
neiges et des glaces est au contraire l'indice d'un
hiver rigoureux, surtout si à ces témoignages de
l'abaissement de la température vient se joindre la
longue durée de l'un ou de l'autre de ces phénomènes.

A cet égard, la plus grande variété règne à la
surface de notre planète, dont les climats sont un
peu trop simplifiés quand on les range sous l'une
ou l'autre de ces trois rubriques : climats polaires,

climats tempérés, climats torrides ou tropicaux. C'est là une première division, qui correspond tant bien que mal aux saisons dites astronomiques, séparées par les deux solstices et les deux équinoxes, et qui ne tient compte que de la latitude. Or tout le monde sait combien l'inégale distribution des terres et des eaux dans les deux hémisphères, ou dans chacun d'eux pris séparément, la direction et l'altitude des accidents orographiques, la nature des terres, le réseau des cours d'eau, les courants océaniques, les courants aériens, apportent de modifications aux éléments variés qui constituent les climats des diverses régions de la Terre. En fait, il existe des divergences profondes entre les saisons astronomiques et les saisons météorologiques. Il serait intéressant de faire le tableau, à ce point de vue, des climats des principales régions du globe terrestre, et la description exacte, en chacune de ces régions, des phénomènes qui s'y succèdent dans le cours d'une année. Peut-être aurait-on de la peine à établir avec une exactitude suffisante l'état physico-météorologique en question, faute de documents, c'est-à-dire d'observations positives.

Pour ne considérer qu'un de ses éléments, à savoir la distribution des neiges et glaces sur notre globe, il n'est guère possible de l'indiquer que d'une façon tout à fait générale. On pourrait d'abord distinguer deux régions à cet égard entièrement opposées : en premier lieu, celle où la neige et la glace subsistent pendant toute l'année, et que l'on connaît beaucoup plus par l'impossibilité où l'on est, soit d'y séjourner, soit même d'y pénétrer, que par des observations directes. Telles sont les calottes polaires arctiques et antarctiques, que leurs banquises permanentes rendront peut-être à jamais inaccessibles. Puis viendraient les pays presque tous situés entre les tropi-

ques, où les températures les plus basses restent
toujours notablement plus élevées que le zéro de
nos thermomètres, et où, dès lors, neige et glace sont
deux phénomènes inconnus. Dans cette zone, qui
correspond à peu près aux anciennes zones torrides
boréales et australes, il faut excepter toutefois quelques points remarquables où, grâce à l'altitude qui
compense l'influence de la latitude, on voit la neige
couvrir les hauts sommets, et même tomber avec
assez d'abondance pour y donner lieu aux phénomènes des glaciers.

Entre les régions glacées des pôles et les pays voisins de l'équateur, tant dans l'hémisphère boréal que
dans l'hémisphère austral, on distinguerait encore
les climats à hivers rigoureux et prolongés de ceux
qui jouissent d'une température plus douce et où la
neige et la glace ne durent que pendant les trois ou
quatre mois d'hiver, et souvent même ne se montrent
que pendant quelques semaines.

II

Neiges et glaces des régions arctiques.

Donnons quelques exemples qui justifieront cette
division, un peu arbitraire peut-être, des climats terrestres. Commençons par la description des deux
calottes polaires comprises entre le pôle nord, le pôle
sud et les deux cercles polaires correspondants. Ces
deux cercles, au point de vue astronomique, limitent les régions de la Terre où le Soleil reste levé
ou couché pendant des intervalles qui atteignent et
dépassent une durée de vingt-quatre heures.

Le cercle polaire boréal ou arctique, entre les parties les plus septentrionales de l'Europe, de l'Asie, de

l'Amérique, englobe un certain nombre de terres ou d'îles qu'on peut diviser en trois groupes principaux : 1° au nord de l'Europe, le Spitzberg, la Terre François-Joseph et la Nouvelle-Zemble; ce groupe forme une ceinture qui protège le continent européen contre la rigueur des froids polaires; grâce à cette sorte de digue qui laisse libre l'accès du courant chaud de l'Atlantique, le Gulf-Stream, nous jouissons en Europe d'un climat plus doux, à latitude égale, que celui des régions continentales d'Asie et d'Amérique; 2° au nord de l'Asie, le second groupe comprend l'archipel de la Nouvelle-Sibérie, l'îlot de la Solitude et l'île de Wrangel; 3° le troisième groupe, composé d'une multitude d'îles séparées par un enchevêtrement de canaux, au nord du continent américain, comprend aussi la vaste terre glacée du Groenland. Au reste celle-ci est assez importante pour être classée à part et former un quatrième groupe.

Toutes ces terres, dont les limites du côté du pôle sont encore en grande partie inconnues ou imparfaitement limitées, forment elles-mêmes les bords du bassin polaire arctique qui communique avec l'Océan par trois ouvertures : le détroit de Smith, le détroit de Bering et la mer plus étendue qui s'étend entre la rive orientale du Groenland et la Nouvelle-Zemble.

Comment se distribuent les températures dans les terres et les mers de la région arctique, ou tout au moins dans les parties de cette région où les explorateurs sont parvenus à pénétrer? Quel y est le régime des neiges et des glaces? On ne peut faire à ces questions que des réponses incomplètes. On sait cependant que les isothermes sont loin de suivre les parallèles de latitude, en raison de l'influence exercée par l'inégale distribution des terres et des eaux et par les courants tièdes ou froids qui longent les différentes côtes. Ce qu'on sait encore, c'est que les températures moyennes les plus basses n'ont pas été observées aux latitudes les plus élevées : le pôle géographique ne serait donc pas le véritable *pôle de froid*. Deux points paraissent jouer ce rôle, l'un situé sur le continent asiatique, l'autre situé au nord de l'archipel arctique américain. C'est en effet à Verkhojansk, en Sibérie, à une latitude boréale de 69°, que la température moyenne de l'année est la plus basse : 19°,3 au-dessous de zéro; on a observé jusqu'à — 64°,5 dans cette région. Le second pôle de froid, au nord de l'archipel polaire américain, est à une latitude comprise entre 66° et 70° et sa température moyenne est entre — 10° et — 20°.

Mais, au point de vue particulier qui nous occupe, celui des neiges et des glaces de la région arctique, les navigateurs ont recueilli des données intéressantes, que nous allons résumer.

Parlons d'abord des *banquises*, de ces murailles de glace, plus ou moins continues, qui encombrent les mers polaires en formant le principal obstacle à la navigation dans le voisinage des terres. Constituées par des amas de blocs de glace fort inégaux en grandeur et de provenances diverses, les banquises sont plus ou moins pénétrables selon l'époque de l'année et selon les régions qu'elles occupent. En été, les blocs dont elles sont formées se désagrègent et laissent souvent entre eux des intervalles assez larges pour servir de passes aux navires. En hiver, au contraire, ils se soudent entre eux par la congélation de l'eau de ces passes : serrés alors les uns contre les autres, ils forment une barrière infranchissable aux navires, qui peuvent s'y trouver emprisonnés ou même brisés par le choc des glaçons entraînés par les vents ou les courants.

Relativement à leur origine, les banquises sont composées de glaçons ayant deux sources différentes

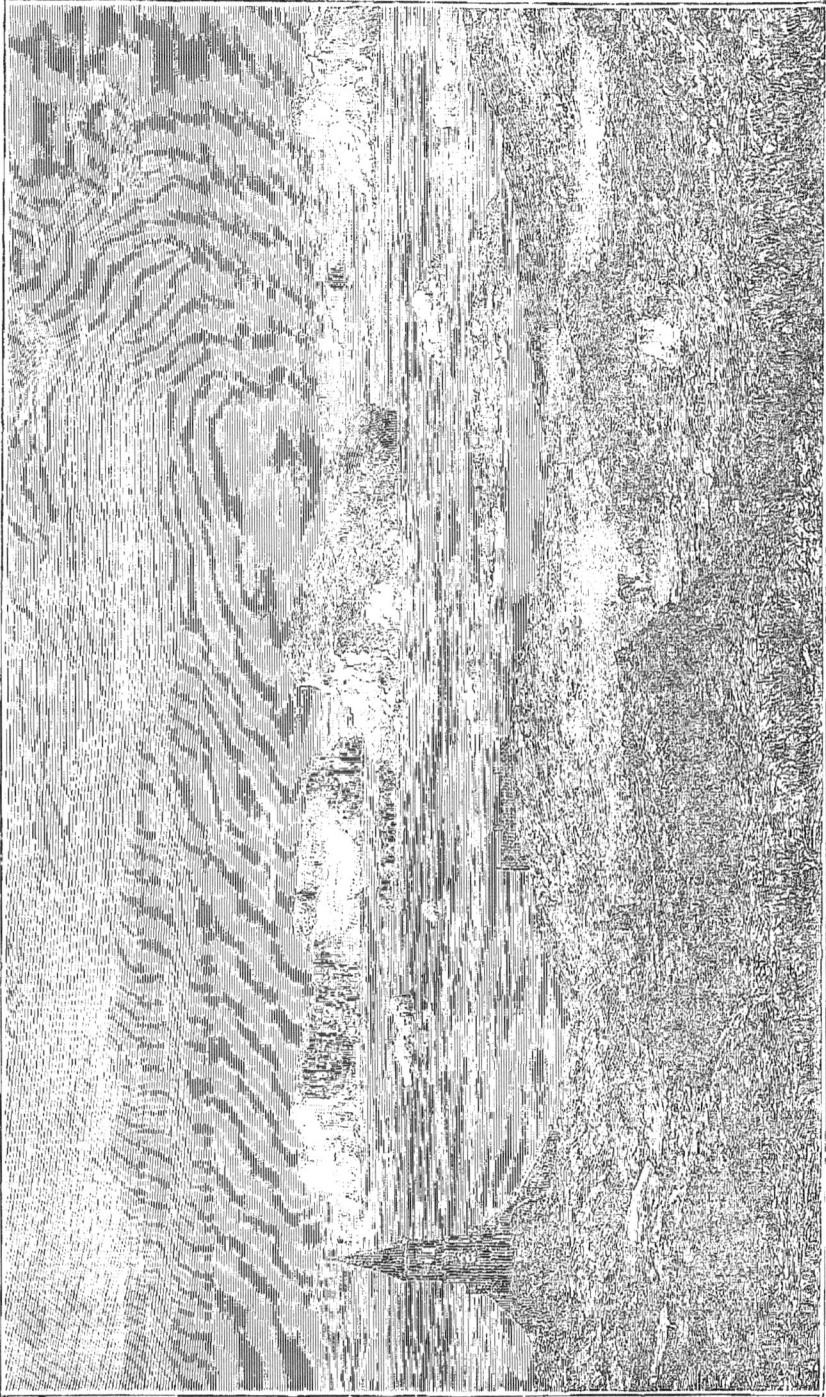

Fig. 27. — Bancs d'icebergs en dérive sur les côtes du Groenland.

et se distinguent alors par leur aspect, la forme et les dimensions de leurs parties. Les uns proviennent de la congélation des eaux de mer; les autres, résultant de la dislocation et de la chute des masses de glaces qui forment le front des glaciers arctiques, ont une origine terrestre.

Les glaces de mer se divisent à leur tour en deux catégories : les glaces de fiord et les glaces de mer proprement dites. On donne le nom de *glaces de fiord* à celles qui se forment durant l'hiver sur les nombreuses échancrures qui entaillent les terres voisines des pôles. La débâcle se produit sous l'action des vents et des courants, et la nappe dérive vers la pleine mer, fracturée en glaçons ordinairement de forme tabulaire, peu élevés au-dessus du niveau et généralement peu épais. La glace de fiord se rencontre partout dans les mers arctiques, au Spitzberg comme dans l'archipel polaire américain, surtout dans cette région fractionnée en archipels nombreux par des détroits n'ayant qu'une faible largeur relative.

« D'après Nordenskiöld, la *glace de mer* proprement dite se formerait à peu près dans les mêmes conditions. Elle proviendrait de la congélation des eaux autour des terres voisines du pôle qui sont encore inconnues. Dans la zone arctique moyenne, en d'autres termes jusque vers 80° lat. N., par exemple au N. du Spitzberg et dans la partie méridionale du détroit de Smith, les glaces de mer ont une épaisseur variant de 3 à 10 mètres et une largeur comprise entre 15 et 30 mètres. Plus au N., les dimensions de ces glaces augmentent; dans les détroits de Kennedy et de Robeson, qui continuent vers le pôle le détroit de Smith, Narès et Greely ont rencontré les plus formidables glaçons avec lesquels les explorateurs aient eu à lutter. Certains de ces blocs avaient une épaisseur de 12 mètres, et au milieu de leurs bancs pressés s'éten-

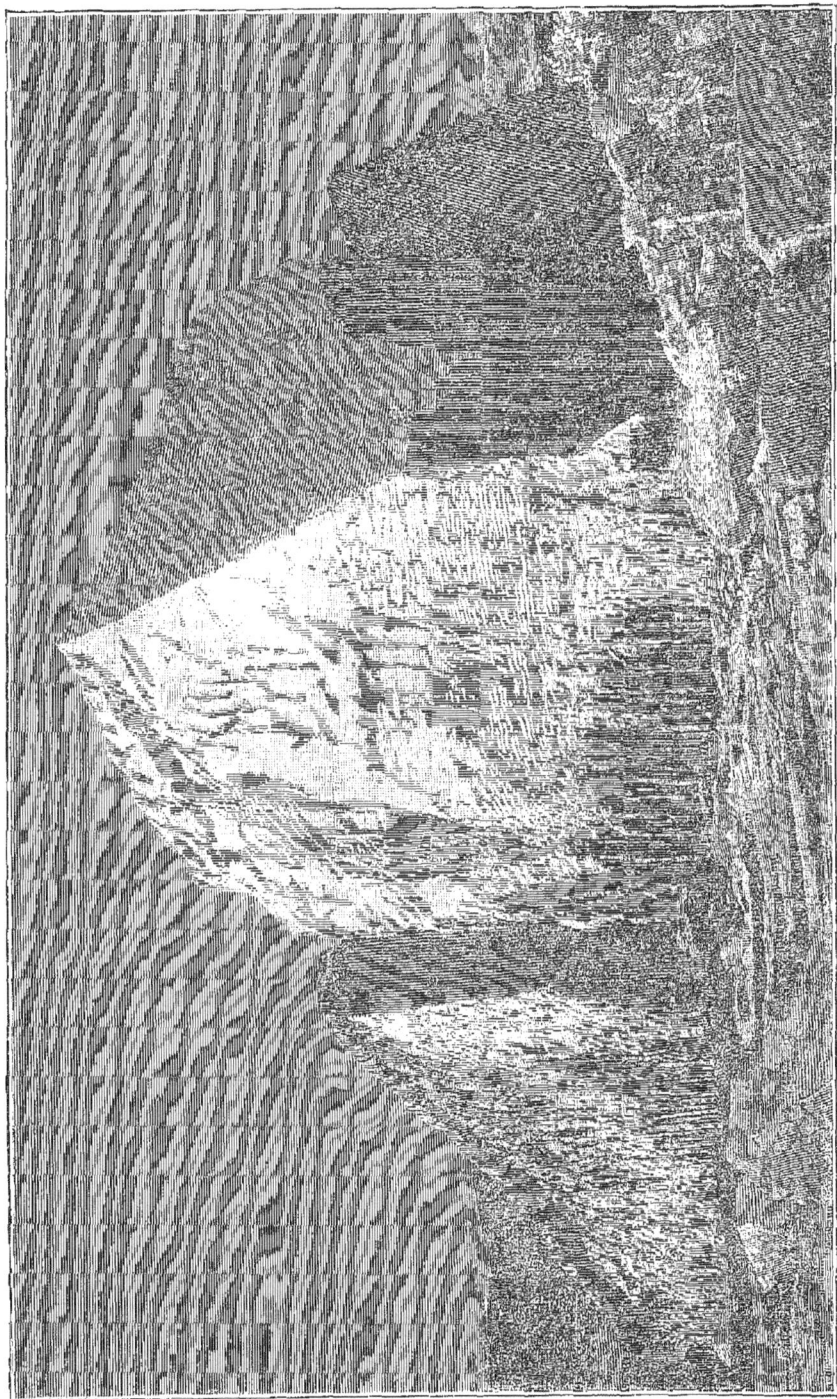

Fig. 28. — Bloc de glace paléocrystique des mers polaires arctiques.

daient des nappes de glace, « des champs » ayant
parfois une longueur de 40 à 50 kilomètres. Greely
en a mesuré un long de 28 kilomètres. Une escouade
halant à bras des traineaux n'employa pas moins de
deux jours à le traverser. « La surface de ces nappes
« de glace, écrit cet explorateur américain, rappelle
« celle d'une contrée onduleuse; elle a ses collines et
« ses vallées, des ruisseaux et des lacs; c'est une île où
« la glace a pris la place du sol. » Ces énormes glaçons
pressés montent les uns sur les autres, s'empilent et
forment de hauts monticules, que l'on désigne sous
le nom de *flœberg*. Certaines de ces collines ont une
épaisseur totale de 240 mètres (Greely). Dans l'opinion de Nares, ces glaçons, formés dans le bassin le
plus septentrional de l'océan Arctique, seraient à
peine attaqués chaque été par la fonte; ils auraient
par suite une origine relativement ancienne et pour
les distinguer des autres glaces de mer le voyageur
leur a donné le nom caractéristique de *paléocrys-
tiques*.

« D'après Greely, l'épaisseur moyenne de la glace
formée d'une année à l'autre est d'environ 1^m,93 et,
suivant le même auteur, les plus gros glaçons formés
par gel direct ne dépassent guère 4 mètres. Les blocs
nombreux qui atteignent une épaisseur plus grande
consistent en plaques entassées les unes au-dessus des
autres.

« Ce sont les glaces de mer qui constituent la plus
grande partie des banquises : les glaçons provenant
de l'éboulement des glaciers ne se trouvent au contraire que dans certaines régions. Les terres polaires
ne sont pas, comme on le croit, recouvertes d'une
couche continue de glaciers. Comparativement à
l'étendue de cette zone, on peut même dire qu'ils y
sont assez rares. A Vaïgatch, il n'y en a aucun dans
l'île méridionale de la Nouvelle-Zemble, et dans

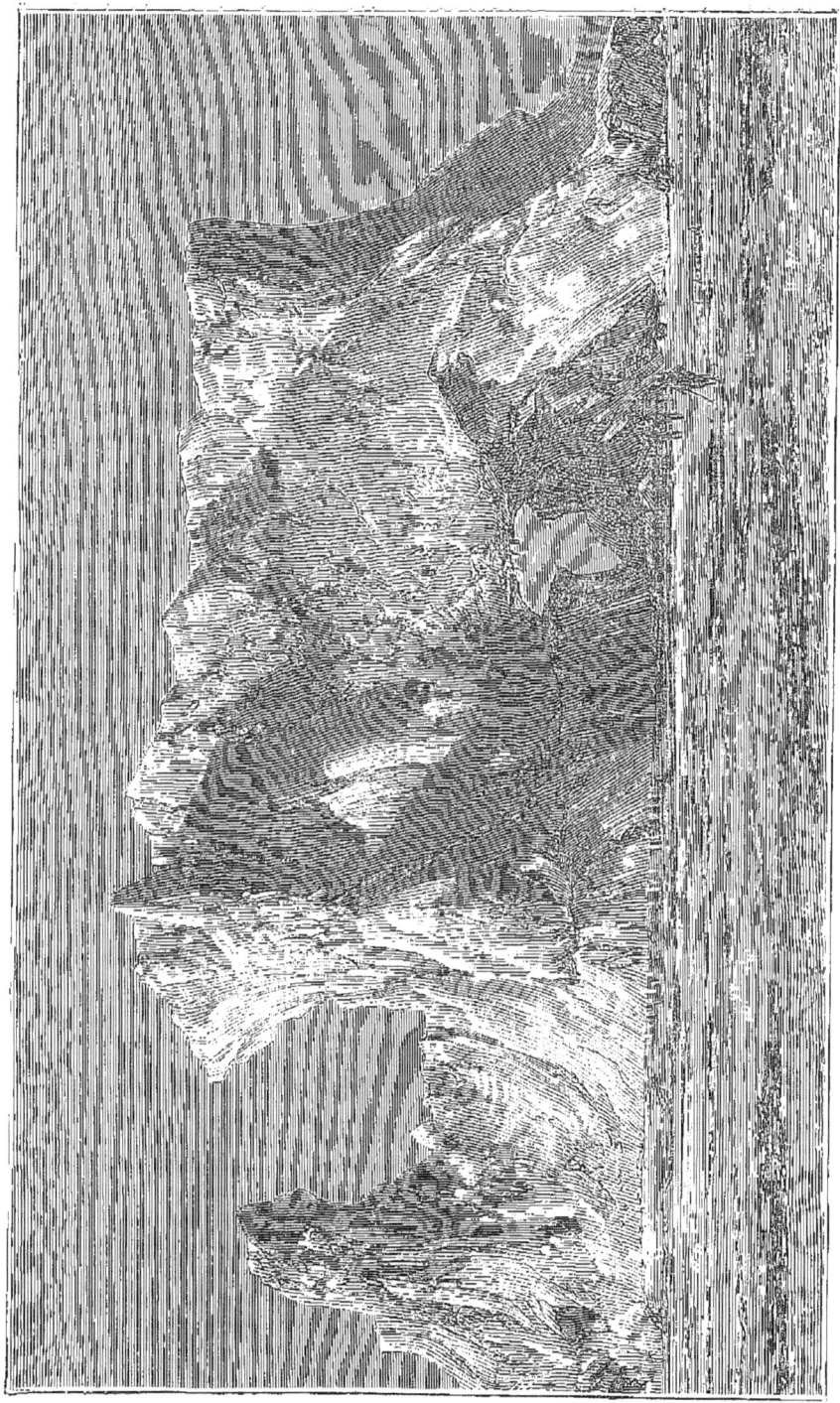

Fig. 29. — Château fort de glace de la baie de Melville (76 mètres de hauteur, d'après le Dʳ J. Hayes).

l'archipel polaire américain ils sont, semble-t-il,
rares aussi. Ce n'est qu'au Spitzberg, à la Terre
François-Joseph, à l'île septentrionale de la Nouvelle-
Zemble et enfin au Groenland qu'ils atteignent une
grande étendue. Au Spitzberg et à la Nouvelle-
Zemble, ils se terminent au niveau de la mer par
une magnifique falaise de glaces. Poussée en avant
par la vitesse d'écoulement de la glace, et, d'autre
part, rongée en dessous par la mer, cette muraille
cristalline s'écroule et ses débris couvrent la mer
de glaçons. Ces blocs ont une épaisseur de 30 à
40 mètres, et ne s'élèvent qu'exceptionnellement d'une
dizaine de mètres au-dessus de l'eau. Ils sont appelés
par les marins scandinaves *glaciers isblock*, pour les
distinguer des *icebergs* qui ne se forment qu'au Groenland. Ce dernier pays n'est pour ainsi dire qu'un glacier, dont la superficie est évaluée approximativement
à deux fois et demie celle de la France ; les glaciers se
déversent dans les fiords par de puissants courants
de glace animés d'une vitesse d'écoulement considérable, certains ayant un mouvement de progression
de 140 mètres par jour. Ces énormes masses, poussées en avant avec cette vitesse, empiètent sur les
fiords, et de leurs extrémités inférieures qui flottent à
la surface de la nappe d'eau, ou, suivant certains
géologues, qui glissent sur le lit de la baie, se détachent d'énormes blocs, qui sont les icebergs. Dans la
baie de Disko, où débouche le fiord de Jacobshavn,
qui sert d'écoulement à un de ces glaciers, certains
icebergs s'élèvent d'une centaine de mètres au-
dessus de la mer. Dans ces parages un explorateur
danois a rencontré une montagne de glace dont le
volume était d'environ 18 millions de mètres cubes,
soit un cube de 262 mètres de hauteur.

« Ces énormes blocs d'icebergs, ces cathédrales de
glace, comme les appellent nos pêcheurs de Terre-

Neuve, sont d'un effet très pittoresque. Par un beau soleil, avec ses hérissements de clochetons et de minarets, la banquise qui entoure le cap Farewell ressemble, dit M. Charles Rabot, aux ruines d'une blanche cité d'Orient.

« Qu'elles soient de glaces de fiord ou de mer, d'icebergs ou de « glaciers isblock », les banquises ne forment pas dans la mer polaire une nappe continue dont la limite méridionale soit parallèle à un même degré. Si l'on peignait, dit Auguste Laugel, d'une même couleur sur un globe terrestre toutes les régions arctiques qui pendant l'hiver sont recouvertes par les glaces, l'observateur le plus inattentif ne pourrait manquer d'être frappé par certaines singularités de leur contour : des côtes situées à la même latitude peuvent être, l'une complètement libre, l'autre défendue par une large barrière de glaces. C'est que la température d'une contrée ne tient pas seulement à son éloignement du pôle, elle est aussi en rapport avec sa configuration, avec la distribution relative des terres et des eaux et avec les grands mouvements qui se produisent dans le sein des mers sous le nom de courants. L'étude du régime des glaces se ramène donc à celle des courants [1]. »

Sans entrer dans la description détaillée de ces courants qui nous éloignerait de notre sujet, bornons-nous à citer les grands courants d'eaux tièdes qu'apporte le Gulf-Stream jusque vers les côtes septentrionales de Norvège, courant qui se divise alors en deux branches, l'une allant longer la côte occidentale du Spitzberg, l'autre suivant la côte occidentale de la Nouvelle-Zemble. Grâce à l'influence réchauffante de ce double courant marin, la portion de mer

---

1. *Nouveau Dictionnaire de géographie universelle*, article RÉGIONS ARCTIQUES.

comprise entre l'Europe, le Groenland, la Nouvelle-Zemble, le Spitzberg et la Terre François-Joseph est presque toujours libre de glaces, au moins dans sa partie méridionale. Entre les deux branches de ce courant tiède, un courant froid se meut dans la direction du S.-O. et entoure les îles des Ours (Beeren Eiland). Un autre courant est celui qui provient de l'apport des eaux des grands fleuves de Sibérie, en se dirigeant vers le détroit de Bering; l'illustre Nordenskiöld a pu passer des mers du nord de l'Europe au détroit de Bering par la mer de Kara et la portion de l'océan Arctique qui baigne les côtes nord de la Sibérie. « Parallèlement au courant chaud dont il vient d'être question, se fait sentir un courant froid très important. Comme nous l'a appris la dérive de la *Jeannette*, ce courant et les glaces qu'il entraîne passent au N. de la Terre de Wrangel et des îles de la Sibérie, puis, doublant la Nouvelle-Zemble par le N., traverse la baie polaire située au N. de la Terre François-Joseph et du Spitzberg, et redescend ensuite vers le sud le long de la côte orientale du Groenland. Arrivé au cap Farewell, ce courant double ce promontoire et remonte la côte S.-O. du Groenland jusque vers la latitude de Gothtaal, où il disparaît complètement [1]. »

Outre une action physique sur la température, à laquelle vient collaborer l'action des courants aériens, les courants marins qu'on vient d'énumérer ont sur les glaces, sur les banquises, une action mécanique importante : ils produisent un débloquement qui débarrasse, suivant les circonstances, telles ou telles parties de la mer polaire. Dans le détroit de Smith, à l'entour du Spitzberg, lorsque soufflent au printemps les brises du nord, les glaces poussées par cette double

---

[1]. *Nouveau Dictionnaire de géographie universelle.*

action descendent au sud et laissent libre le passage
aux navires, mais à la condition que ces brises cessent en été, sans quoi l'abondance des glaces entraînées finirait au contraire par obstruer la route. En
hiver, l'action des vents, en accumulant les glaçons,
les pousse les uns contre les autres avec une force
irrésistible, qui devient terrible dans les tempêtes.
« Supposez, dit M. Ch. Rabot, une banquise fixée au
rivage d'une terre quelconque, par exemple à la côte
septentrionale de la Sibérie ; une tempête du N.
éclate ; immédiatement des glaces arrivent en masses
considérables. Poussés par le vent, ces blocs heurtent
la banquise, la pressent ; puis, toujours chassés par
le vent, montent les uns sur les autres ; les glaçons
les moins résistants se brisent et s'empilent en débris
sur leurs voisins. C'est une lutte terrible, accompagnée de bruits formidables. Malheur au navire qui se
trouve pris dans cet étau ; il est infailliblement perdu.
Le sort du *Tegethoff*, de la *Jeannette* et du *Varna*
montre les dangers auxquels un bâtiment est exposé
dans de pareilles circonstances. » Voici, d'après la
relation d'une expédition circumpolaire hollandaise
forcée d'hiverner en 1882-1883 au milieu de la banquise de la mer de Kara, la description des effets causés
par la pression des glaces : « Les pressions étaient
généralement accompagnées de bruits qui, perçus à
des distances différentes, causaient les illusions les
plus diverses et les plus curieuses. Ainsi de loin on
croyait entendre comme le brisement de la mer
contre des récifs, de plus près le grincement d'une
porte, le sifflet d'une locomotive, le bruit produit par
l'échappement de la vapeur ou le passage d'un
train, quelquefois même un bruit de pas si distinct
que l'on se retournait, croyant être suivi par quelqu'un. » Un autre mouvement de la glace est décrit
en ces termes : « Autour du navire, la scène de déso-

lation était terrible, d'énormes glaçons étaient brisés et empilés les uns sur les autres dans le plus grand désordre. Un bloc de 2 ou 3 mètres avait été soulevé à une hauteur de 5 à 6 mètres. Des pièces de la maison qui avaient été débarquées sur la glace, les unes étaient relevées verticalement, les autres enfoncées par-dessous la quille du navire. » (Rabot.)

Tous les ans, au printemps, les navires qui effectuent la traversée de l'Atlantique entre les côtes occidentales d'Europe et le continent américain, font là rencontre, qui peut être dangereuse par des temps de brouillards, des blocs de glace détachés des banquises des régions arctiques ou des icebergs provenant des glaciers polaires. Le spectacle de ces flottes de glace est des plus curieux et des plus pittoresques. Mais, considérés au point de vue de la physique du globe, ces voyages périodiques sont un épisode intéressant de la circulation générale des eaux, de l'échange qui se fait incessamment entre les mers équatoriales et l'océan polaire. Parties des tropiques, où la chaleur solaire les a fait s'élever dans l'atmosphère sous forme de vapeurs, les molécules aqueuses font leur voyage aérien vers des latitudes de plus en plus élevées, où une température basse les condense en pluies, en neiges et finalement en glaçons des mers ou des glaciers. De là, après un séjour plus ou moins prolongé sous cette forme nouvelle, sur les rives des mers arctiques ou sur les terres des mêmes régions, elles se détachent ainsi qu'on vient de le voir, et reprennent la route de leur pays d'origine, entraînées par les courants marins ou aériens. Revenues à ce point de départ, peu à peu la chaleur des eaux et de l'air les a ramenées à l'état liquide, toutes prêtes à reprendre leur pérégrination de l'équateur au pôle et du pôle à l'équateur.

Fig. 30. — Coup de mer produit par la chute d'un iceberg, d'après le Dr J. Hayes.

III

Les glaces et les neiges des régions polaires antarctiques.

On vient de voir quel est le climat des régions polaires boréales, comment, dans les terres et les mers de ces régions, se distribuent les glaces et les neiges. Il semblerait donc qu'il suffirait de répéter les mêmes descriptions ou d'y renvoyer le lecteur pour lui donner l'idée du climat des régions qui environnent le pôle austral de la Terre. Mais la vérité est qu'il y a des différences notables dans la physionomie des deux pôles à ce point de vue.

Les continents, on le sait, se terminent dans l'hémisphère austral à des latitudes beaucoup moins élevées que dans l'hémisphère boréal, et n'enveloppent pas les régions polaires comme le font l'Europe, l'Asie et l'Amérique, dont les côtes circonscrivent presque entièrement le bassin des mers arctiques. L'extrémité méridionale de l'Amérique, au cap Horn, ne dépasse pas le 58e degré; la Tasmanie, au sud de l'Australie, ne s'avance qu'au 44e, et enfin le cap des Aiguilles, à la pointe de l'Afrique australe, atteint tout au plus la latitude de 35 degrés. Il en résulte que l'océan Glacial antarctique n'est pour ainsi dire que la prolongation des trois grands océans, Pacifique, Indien, Atlantique, et qu'une mer continue de 25 500 kilomètres de développement entoure la région polaire australe. Le cercle polaire qui limite, dans le nord, la zone arctique, se trouve considérablement en dedans des limites de la zone antarctique.

Comme les régions polaires boréales, les régions australes sont couvertes de glaces : les unes fixes, les banquises; les autres flottantes, qui se détachent des

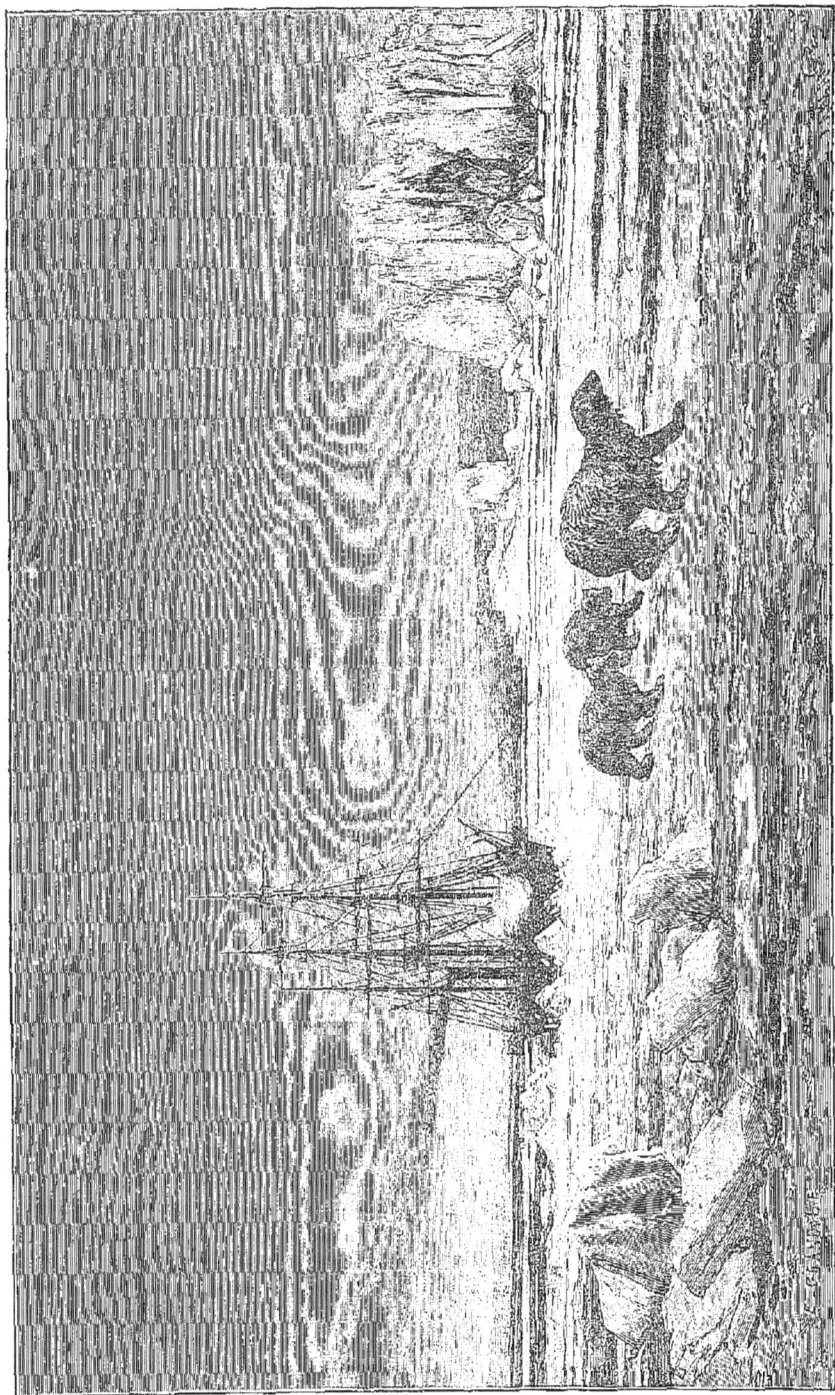

Fig. 31. — La *Panthère* emprisonnée dans les glaces. — Chasse à l'ours.

premières ou qui proviennent des glaciers dont les terres australes sont recouvertes. Les glaces flottantes, selon la saison, s'avancent jusqu'au large du cap de Bonne-Espérance, c'est-à-dire à 400 kilomètres plus près de l'équateur que les glaces flottantes de la zone arctique.

On évalue la profondeur moyenne de l'océan Glacial antarctique à environ 3300 mètres contre 1500 à 1600 mètres qui résultent des sondages de la mer arctique. Cette différence tient sans doute à celle qui concerne la distribution des terres dans les deux zones. Sauf quelques îles clairsemées, telles que Kerguélen, les Orcades, les îles Crozet, etc., les terres australes sont situées sur les confins du cercle polaire et semblent faire partie d'une ou deux masses continentales occupant le centre de la zone polaire. Les navigateurs qui les ont découvertes n'ont pu en relever que les côtes, et ne les ont réellement abordées qu'en quelques points, défendues qu'elles sont contre toute approche par de formidables murailles de glaces et par une température d'une excessive rigueur. Citons les principales de ces terres, qui se divisent en trois groupes : le premier s'étend au sud du continent de l'Amérique méridionale; il comprend, de l'est à l'ouest, les Terres Louis-Philippe, de la Trinité, Palmer, Graham, Alexandre Ier, formant une ligne de côtes obliques aux méridiens et de plus en plus australes; ce groupe embrasse un espace de 20 degrés de longitude sur 6 à 7 degrés de latitude; d'après É. Reclus, il se continue à l'est sur 45 méridiens par une banquise qui peut être la ceinture de son prolongement. Les Terres d'Enderby et Kempf forment le second groupe situé sous le cercle polaire, entre les longitudes de 40° à 50° E. Enfin, le troisième groupe, le plus important et le plus étendu, comprend une série de terres dont les côtes suivent

d'abord le cercle polaire, entre les longitudes de 90°
à 170° O., pour descendre ensuite brusquement vers
le pôle jusqu'au 78° degré de latitude. Voici les noms
de ces terres : Termination, Knox, Budd, Sabrina,
North, Adélie, Victoria. C'est à l'extrémité sud de la
Terre Victoria que s'élèvent les deux volcans Erebus
et Terror, dont l'un était éteint quand il fut découvert par James Ross, en 1841, et dont l'autre offrait
le spectacle des feux de son cratère éclairant les solitudes glacées d'alentour.

La plupart des terres australes sont couvertes de
glaciers et protégées contre les explorations des navigateurs par des banquises énormes. Ce sont ces dernières qu'il nous reste à décrire pour achever de
montrer le contraste des régions polaires australes
avec les régions qui entourent le pôle nord.

Les banquises australes diffèrent par la forme et
par l'origine, double caractère qu'elles ont également
dans la zone boréale : les unes, provenant des glaciers à versant incliné qui suivent les vallées des
terres montueuses, ont des formes le plus souvent
irrégulières, en raison des accidents qu'ont présentés
leurs chutes et leurs fractures au moment où elles
se sont détachées des fronts des glaciers et ont plongé
dans l'Océan : ce sont des coupoles, des aiguilles plus
ou moins élancées, des blocs semblables aux roches
qui s'écroulent dans les régions alpestres. Les autres,
au contraire, se présentent sous une apparence beaucoup plus régulière : ce sont des murailles à forme
tabulaire et rectangulaire, à face extérieure unie, et
presque toujours de dimensions énormes. « Autant
que les rares observations faites jusqu'à ce jour permettent d'en juger, les barrières de glace, d'une hauteur de 50 à 55 mètres au-dessus des flots qui viennent en heurter la base, ne sont autre chose que la
glace de terre lentement poussée vers la mer par la

pression des masses plus ou moins inclinées qui recouvrent l'intérieur du continent. Grâce à leur poids spécifique, elles s'avancent bien au dehors de la côte, même à 20 et 30 kilomètres, en continuant d'adhérer au fond rocheux. Ross, sondant les eaux dans le voisinage de la barrière, trouva pour le lit marin une profondeur de 475 mètres; or c'est précisément à cette profondeur que des glaces émergeant de 50 à 60 mètres doivent perdre pied, pour ainsi dire, et commencer à flotter librement. En effet, le poids des glaçons comparé à celui de l'eau étant des neuf dixièmes environ, les neuf dixièmes de leur volume plongent dans le liquide; mais la masse étant en général plus large par la base que par la cime, la profondeur des parois immergées doit être évaluée au septuple ou à l'octuple de la hauteur des falaises exposées à l'air libre (Muray, *Scottish Geograph-Magazine*). Une fois séparée du tronc des masses continentales par quelque grande cassure rectiligne, la colossale épave commence son voyage vers le nord. Tel bloc présente une muraille régulière de 8 à 10 kilomètres de long et creusée à sa base de portes cintrées : on dirait un front de cité cheminant sur les eaux, parfois étincelant au soleil, mais le plus souvent vaporeux, comme une ombre évoquée par l'imagination. De près la montagne paraît formidable; de puissants bastions se dressent en avant de la masse; des redans où viennent s'engouffrer les vagues se creusent entre les tours ; des corniches surplombantes laissent pendre du sommet leurs draperies de neige. La falaise de glace qui se montrait de loin comme un plan uni, d'une couleur égale externe, se révèle avec mille variétés de contours et de nuances; les lignes de séparation des assises neigeuses transformées en cristal par la pression et le temps, se succèdent paral-

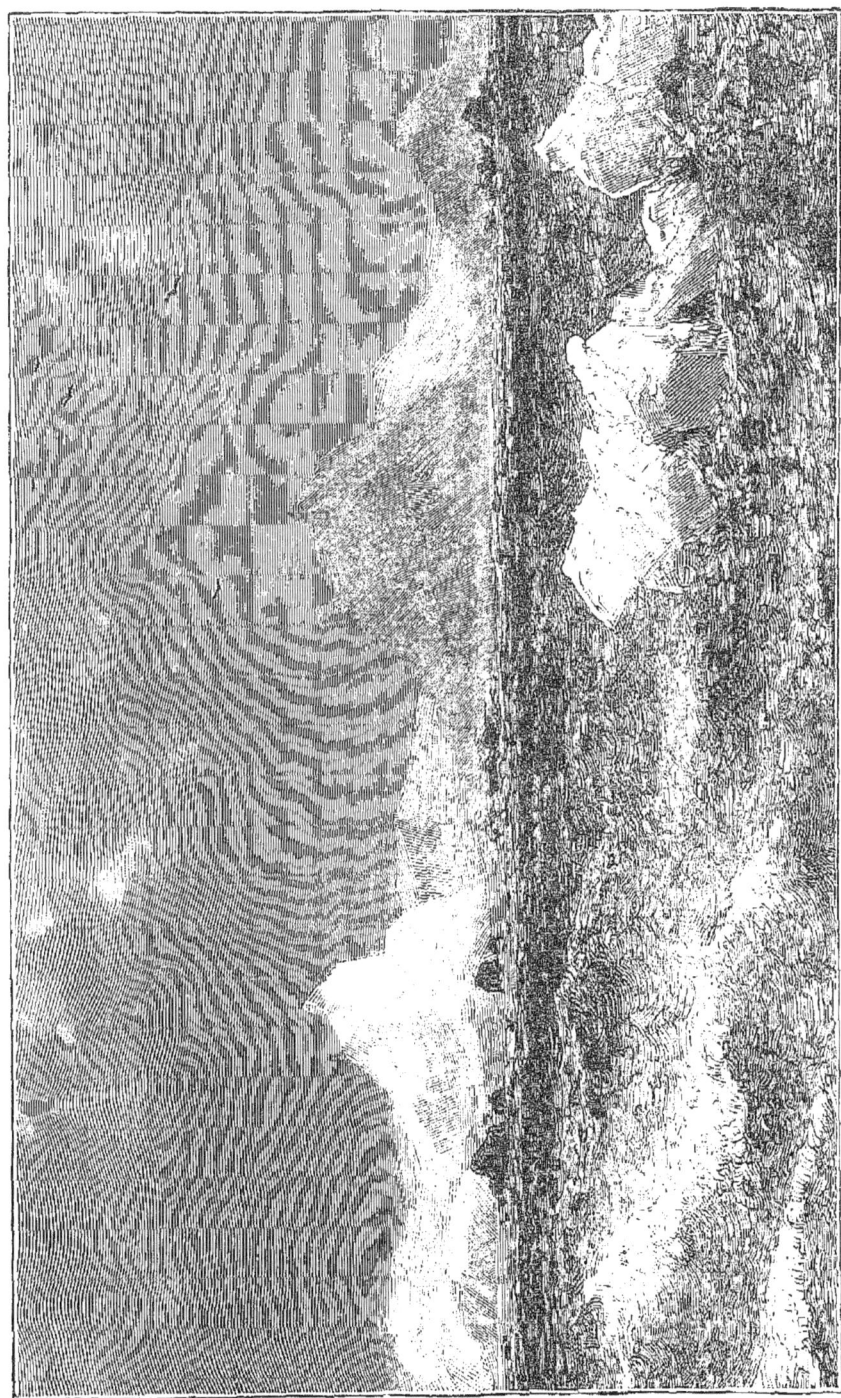

Fig. 32. — Terre Louis-Philippe, découverte par Dumont d'Urville en 1838.

lèlement dans toute l'épaisseur de la paroi, de plus
en plus rapprochées en proportion du poids surin-
combant, et çà et là infléchies en courbes serpen-
tines et coupées de longues fissures. Les parties saillantes sont éclatantes de blancheur, les autres sont
bleues, et chaque pente, chaque trou de la glace est

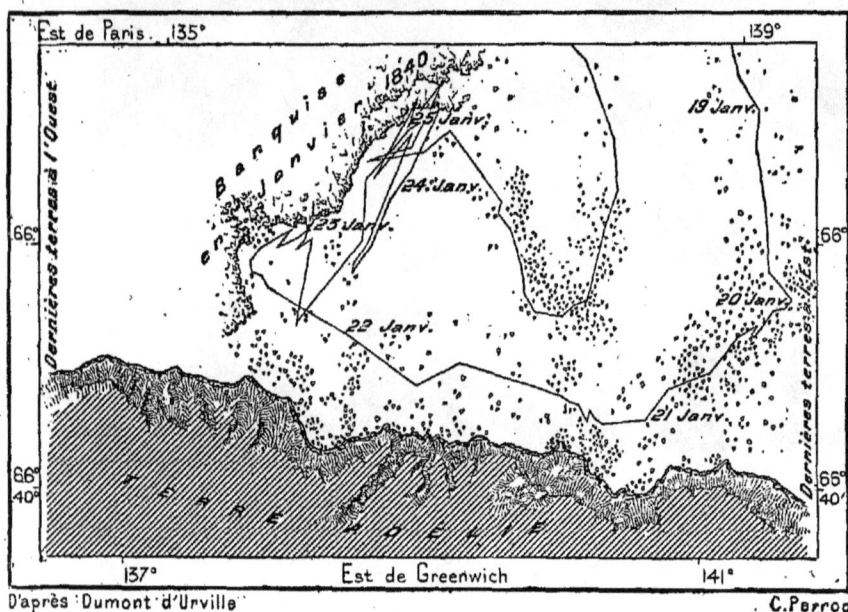

Fig. 33. — Banquises des régions polaires antarctiques sur les côtes
de la Terre Adélie.

du plus bel azur; la nuit la montagne flottante luit
d'une vague phosphorescence. Entraînée par le courant, elle se meut avec lenteur, constamment battue des
vagues qui viennent se briser sur elle comme sur un
écueil; des cavernes s'y ouvrent : les équipages des
navires rapprochés des glaciers mouvants entendent
le tonnerre continu des flots qui se poursuivent dans
les grottes et se heurtent contre les parois. A la
longue, les colonnes de soutènement s'écroulent, les
arches s'effrondrent et les fragments basculés des
montagnes cristallines perdent ce caractère tabulaire

qu'offrent la plupart des glaces de l'océan du Sud
comparées à celles des mers boréales. »

Fig. 34. — Navire emprisonné par les glaces et les banquises.

Les dimensions de ces murs de glace sont souvent
énormes. Le *Challenger* en vit un dont la hauteur

ne mesurait pas moins de 75 mètres. Ceux qu'aperçut Cook se dressaient à plus de 100 mètres et Wilkes en mesura un qui s'élevait à 140 mètres au-dessus de la mer. C'est l'aspect de ces masses formidables, joint à l'excessive rigueur de la température, qui fit croire à Cook, dans son exploration des régions antarctiques vers 1775, qu'on ne pourrait jamais pénétrer plus avant dans la direction du pôle. Il croyait à l'existence d'un vaste continent où se forment la plupart des glaces répandues avec tant de profusion dans l'océan Austral. Il supposait là plus grande partie de ce continent comprise en dedans du cercle polaire. « Le danger qu'on court à reconnaître une côte dans ces mers inconnues, dit-il, est si grand, que j'ose dire que personne ne se hasardera à aller plus loin que moi, et que les terres qui peuvent être au sud ne seront jamais reconnues; il faut affronter les brumes épaisses, les ondées de neige, le froid aigu, et tout ce qui peut rendre la navigation dangereuse; l'aspect des côtes est plus horrible qu'on ne peut l'imaginer. Ce pays est condamné par la nature à rester enseveli dans des neiges et des glaces éternelles. » La prédiction ne se réalisa heureusement pas; de hardis navigateurs marchèrent sur ses traces et les dépassèrent; et peu à peu se révéla l'existence du vaste continent couvrant la calotte polaire australe soupçonné par Cook, par la découverte successive des terres citées plus haut et dont plusieurs portent les noms des marins qui les virent pour la première fois. L'un d'eux, Weddell (1823), qui avait réussi à atteindre la latitude de 74°, après avoir traversé de grands convois de glace, puis trouvé une mer libre, crut pouvoir en conclure qu'il « serait plus aisé d'aborder le pôle sud que le pôle nord »; mais il a été prouvé depuis que les glaces antarctiques ne suivent pas comme les glaces arctiques une marche régulière due à la régu-

larité et à la périodicité des courants, elles ne circulent pas dans des passages tout formés; une fois
détachées des terres, elles remontent vers le nord;
leurs voyages vers les régions océaniques tempérées
s'effectuent dans tous les sens, au gré des courants
variables qu'elles rencontrent. Il n'y a donc pas,
comme dans les régions boréales, de passage libre
assuré d'une année à l'autre, et là où un explorateur
avait pu s'avancer sans obstacle, s'élève une de ces
barrières de glace que nous avons décrites plus haut
et où les navires risquent de rester emprisonnés dans
les étroits canaux qui s'y ouvrent par hasard. C'est
ce qu'éprouva Dumont d'Urville dans son expédition
de 1838. « Il pensait que, comme Weddell, en dépassant la première barrière de glaces, il arriverait dans
une mer ouverte; mais il rencontra des blocs flottants
qui devenaient au contraire de plus en plus nombreux, et il finit par arriver (21 janvier 1838) devant
une haute falaise dont le front continu, taillé à pic,
dressait un rempart infranchissable; çà et là, quelque
étroit canal sur cette ligne longue et uniforme, mais
une petite embarcation aurait à peine pu s'engager
dans ces gorges, dans ces cañons de glaces. Il fallut
se résigner à longer la banquise, dans le canal qui
reste presque toujours libre à sa base, jusqu'aux
arcades, dont les pics sombres et menaçants s'élèvent
au-dessus de vastes glaciers aux ruines colossales
échouées tout autour des côtes. » (*Dict. de géogr.
univ.*) C'est peu de jours après que notre illustre
compatriote se trouva en présence d'une terre nouvelle, qu'il baptisa *Terre Louis-Philippe*. Deux ans
après, Dumont d'Urville, dans une nouvelle expédition qui eut pour résultat la découverte de la *Terre
Adélie*, rencontrait encore ces montagnes de glace si
imposantes qui donnent aux régions polaires antarctiques une physionomie étrange. Le 20 janvier, la

corvette l'*Astrolabe* avait autour d'elle soixante et douze gigantesques masses de glace, éclairées par le soleil, dont les rayons les décomposaient activement. « Dans l'une d'elles, peu distante, de nombreux ruisseaux descendant du sommet tombaient en cascades dans la mer et en creusaient profondément les parois. Ce détail semble donner une juste idée du travail des eaux pour détacher les falaises de glace adhérentes aux terres et leur permettre de s'éloigner des bords. »

James Ross, dans son exploration de 1841, après la découverte de la *Terre Victoria* et de plusieurs monts, parmi lesquels les volcans *Erebus* et *Terror*, vit se dresser le long de la côte, à perte de vue à l'est, une falaise de glace perpendiculaire, haute de 45 à 60 mètres au-dessus du niveau de la mer. Cette masse à l'arête du sommet rectiligne, sans aucune fissure ni saillie, resplendissait d'une éclatante blancheur. Il fit voile en longeant cette muraille de glace, dont l'épaisseur calculée par lui mesurait 300 mètres, sur une distance de 450 milles (835 kilomètres), sans trouver une seule brèche.

Tous les détails dans lesquels nous venons d'entrer, suffisent pour montrer que les régions qui environnent le pôle austral, à plus juste titre encore que les régions boréales sont bien le véritable royaume des neiges et des glaces à la surface du globe. Si la calotte glaciaire n'y est pas continue, et si la mer y est libre par intervalles, on a vu combien les passages qu'elle laisse ouverts aux navires restent pour ceux-ci d'un accès difficile et souvent dangereux. Quant aux terres, continuellement recouvertes de neiges et de glaces, elles sont plus inaccessibles encore que l'océan qui les borde, et c'est le plus souvent à distance qu'on a pu juger de leur envahissement par les glaces. Leur étendue reste entièrement ignorée, et l'existence d'un vaste continent austral dont les terres découvertes formeraient la bordure reste un problème dont il est bien possible que nous n'ayons jamais la solution. Si l'on peut fonder d'assez légitimes espérances sur la possibilité de planter un jour le drapeau de la science au pôle nord, il semble qu'on doive se résigner à ne jamais connaître le pôle sud.

IV

Les pôles terrestres sont-ils inaccessibles?

Les pôles de la terre sont-ils accessibles? Sont-ils occupés par l'océan ou par des terres? Et dans l'un ou l'autre cas, des glaces permanentes n'en défendent-elles point à jamais l'approche aux explorations de l'homme? Ces questions ont été depuis longtemps soulevées, l'intérêt scientifique dominant, il est vrai, la solution qui n'est pas non plus indifférente au point de vue purement pratique, puisque les navigateurs ont maintes fois formé l'espoir de découvrir une route accessible à leurs navires entre les océans Atlantique et Pacifique. Les expéditions nombreuses que de hardis marins ont entreprises, surtout dans les régions polaires arctiques, n'ont pas encore pu résoudre intégralement le problème. Le point extrême auquel elles sont parvenues dans la direction du pôle boréal n'a point dépassé le 83ᵉ degré de latitude, et les opinions restent toujours divisées sur la question de savoir si, oui ou non, une mer libre de glaces peut, à certaines époques tout au moins, laisser aux marins l'espoir de planter un jour leur drapeau au pôle même.

Théoriquement, des géomètres comme Plana, des géographes comme le regretté Gustave Lambert, ont prouvé que le pôle n'est point le lieu du globe

où règne le minimum de température, que la mer
doit y être tous les ans, pendant une partie de l'été,
dégagée de glaces et que, selon l'expression des Russes,
il s'y trouve alors une Polynia. Mais, en de pareils
problèmes, la théorie ne suffit point, parce qu'elle ne
peut tenir compte de toutes les circonstances de fait
capables de ruiner les conséquences que le calcul,
même basé sur des lois physiques incontestables, n'a
pu présenter que comme possibles. Les marins qui
ont exploré les mers polaires sont en général peu
favorables à l'opinion en question; cependant des
savants qui, comme Nordenskiöld en étaient adver-
saires, ont cru devoir l'adopter, mais dans l'hypothèse
où le pôle serait occupé par une mer continue. Dans
son ouvrage sur le *Voyage de la Véga* (voyage qui a
définitivement ouvert à la navigation la route du
nord-est, de la Nouvelle-Zemble au détroit de Bering), l'illustre Suédois s'exprime ainsi sur cette question si longtemps controversée de « la croyance à
l'existence d'une mer polaire, navigable par mo-
ments » : « Avec la plupart des explorateurs polaires
contemporains, j'ai longtemps eu une opinion contraire. Les mers polaires étaient, croyais-je, toujours
couvertes de masses de glace, soit rompues, soit
reliées les unes aux autres, mais toujours impénétrables. J'ai changé d'idée depuis mes deux hiver-
nages : le premier par 79° 53' de lat. N.; l'autre dans
le voisinage du pôle froid de l'Asie. Dans ces régions,
en effet, la mer ne gèle jamais complètement, pas
même dans le voisinage immédiat des terres. Je con-
clus de ce fait que l'Océan ne doit se prendre que
rarement dans les endroits profonds et éloignés des
terres. »

Voici d'ailleurs comment le même explorateur
rend compte physiquement du phénomène : « La
formation de couches minces de glace, par un temps

clair et calme, én pleine mer, à des endroits très
profonds, a été observée plusieurs fois pendant
notre voyage de 1868. D'abord, l'eau salée n'a pas,
comme l'eau pure, de maximûm de densité un peu
au-dessus du point de congélation; en second lieu, la
glace est un mauvais conducteur de la chaleur, et
enfin la couche transparente nouvellement formée
est bientôt recouverte d'un manteau de neige qui
empêche le rayonnement. Pour toutes ces raisons,
cette glace formée en pleine mer, dans des endroits
profonds, n'a pas, je crois, le temps de devenir assez
épaisse pour ne pas être brisée à la moindre tempête.
Même le mouillage peu profond de Mosselbay ne gela
définitivement qu'au commencement de février, et
dans les derniers jours de janvier la houle était si
forte, que les trois navires de l'expédition suédoise
couraient de grands dangers, *et cela par 80° de lat. N.!*
Pour que ce fait pût se produire, il fallait que la mer
fût libre, à cette époque, jusqu'à une très grande distance dans la direction du N.-O. Le long de la côte
occidentale du Spitzberg, la mer doit être rarement
prise, en hiver, jusqu'à une portée de vue. Dans le
havre même d'hivernage de Barentz, sur la côte N.-E.
de la Nouvelle-Zemble, la mer fut souvent libre
pendant les plus grands froids. Il n'est pas étonnant, dit Hudson, que le navigateur rencontre
tant de glaces dans la partie septentrionale de
l'océan Atlantique, étant donné le grand nombre de
détroits et de baies qui existent sur les côtes du
Spitzberg. Cette remarque prouve que ce marin
n'admettait pas non plus la congélation en pleine
mer. »

Pendant leurs longs hivers, les régions polaires,
boréales ou australes sont ensevelies, on l'a vu plus
haut, sous le blanc linceul de leurs glaces ou de
leurs neiges. Quand à la nuit qui les couvre alors

succédé le jour aussi long de leur été, une partie de
ce manteau est déchirée par la fusion des glaces qui
relient les blocs des banquises et de la neige dont
les rares terres de ces régions désolées sont recouvertes. Mais l'immense calotte que l'ardeur des
rayons solaires n'est point parvenue à entamer, brille
alors d'un tel éclat, que les explorateurs sont con-
traints à se voiler les yeux sous des verres foncés pour
éviter les ophtalmies. La réflexion dans l'espace de
cette lumière éclatante doit donner, pour un observateur extérieur à la Terre, aux régions voisines du pôle
en vue, l'aspect d'une tache blanche analogue aux
deux pôles de la planète Mars. Cet effet lumineux
doit être d'autant plus sensible que la calotte blanche,
d'ailleurs fort irrégulière, dont nous parlons, se
détache sans doute des portions de l'Océan qui l'entourent par le contraste de la teinte foncée des eaux
de la mer. D'après la connaissance que l'on a maintenant de l'état où se trouvent les régions arctiques,
par exemple, à une époque donnée de l'année, il ne
serait pas impossible de tracer les contours de la
calotte blanche environnant le pôle nord à cette
époque. Les contours doivent varier d'ailleurs, dans
une certaine mesure, avec les saisons, comme aussi
avec les années, la rigueur des hivers boréaux étant
sujette à des fluctuations importantes. Au pôle sud,
dont les terres sont de toutes parts baignées par un
vaste océan, il semble que la calotte blanchâtre doive
être beaucoup plus régulière que celle du pôle nord.
En revanche, celle-ci pousse des prolongements sur
les continents d'Europe, d'Asie et d'Amérique, englo-
bant la presqu'île Scandinave, la Russie et la Sibérie
du Nord, l'Alaska et le Canada; les parties centrales
de ces continents peuvent même, dans les hivers
rigoureux et neigeux, se relier à la tache blanche du
pôle qui embrasse alors une partie considérable de

l'hémisphère boréal. Cette extension, d'ailleurs excep-
tionnelle, né dure pas au delà de quelques mois, et
peut, en certains points et selon les époques, se
réduire à quelques semaines. L'état de l'atmosphère
modifie encore cette apparence. Là où elle est couverte de nuages, c'est la réflexion de la lumière
solaire sur ces nuages qui donne à la région son
éclat, moins brillant sans doute que dans les régions,
telles que la Sibérie, où le ciel est d'une parfaite
sérénité pendant l'hiver, et où alors le sol couvert
de neige est directement éclairé par la lumière
solaire.

CHAPITRE V

I

Le Spitzberg. — La Nouvelle-Zemble.

Par sa latitude de 76° à 80°, le Spitzberg est une des terres arctiques qu'on croirait devoir être recouverte entièrement par les glaces ou les neiges. C'est ce qui arrive en effet pour les parties faiblement inclinées que la neige masque pendant presque toute l'année, ou encore pour les grandes vallées qui sont envahies par des glaciers descendant jusqu'à la mer. Mais là où le soleil et les vents viennent joindre leur action à celle des fortes pentes, les rochers se trouvent débarrassés de neige jusqu'à des hauteurs de 500 à 600 mètres. En ces régions, la végétation se montre pendant l'été, tandis que sur les surfaces peu inclinées ou protégées par l'ombre contre l'influence des rayons solaires les neiges persistent durant l'année entière et leur limite inférieure se confond avec les rivages de la mer. Il y a d'ailleurs une différence profonde entre les côtes orientales et

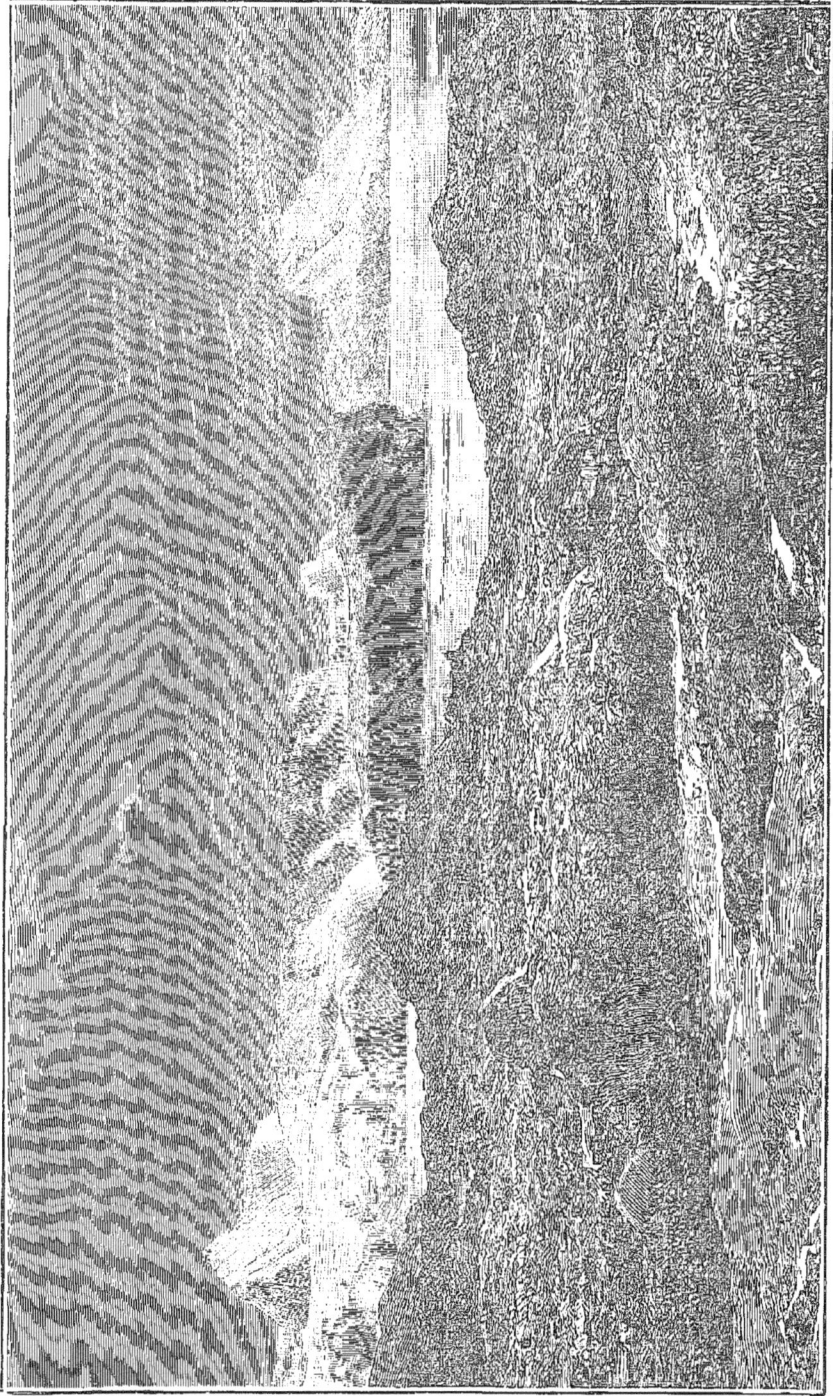

Fig. 35. — Bancs d'icebergs.

les côtes occidentales de l'Archipel. Celles-ci sont beaucoup plus accessibles que les premières, dont l'abord est rendu très difficile par une ligne de banquises continue. C'est un caractère commun au Groenland, à la Nouvelle-Zemble et au Spitzberg, et qui a pour cause la direction des courants marins qui amènent des eaux relativement chaudes sur le revers occidental de ces terres, tandis que le revers oriental reçoit les eaux froides des courants polaires.

II

Le Groenland.

L'immense terre qui s'avance en forme de triangle entre l'Islande à l'est et les archipels arctiques américains à l'ouest, se perd au nord dans les ténèbres du pôle, au delà du 80e degré de latitude. La *Terre Verte*, le Groenland d'Éric le Rouge, ne mérite guère le nom à la faveur duquel l'exilé islandais espérait, au xe siècle, entraîner à sa suite ses compatriotes. Les quelques coins abrités que le retour du soleil fait verdoyer sous une maigre couverture de mousses, de lichens, de végétaux rampants, sont des taches imperceptibles sur les bords des côtes abruptes d'une contrée dont la surface dépasse 2 millions de kilomètres carrés, quatre fois la superficie de notre France continentale. Des glaciers tout le long de la côte occidentale, découpée comme la Norvège en fiords profonds, d'impénétrables banquises rendant impossible l'abord, même à distance, de la côte orientale, et, entre les deux rives, une vaste carapace de glaces sous laquelle tout vestige de terres ou de roches disparaît. Le Groenland est donc en réalité un continent polaire encore

Fig. 36. — Côte orientale du Groenland.

enseveli sous des neiges et des glaces éternelles,
comme un échantillon gigantesque de l'état où s'est
trouvée une grande partie des terres de notre
hémisphère, à l'époque que les géologues qualifient
de *période glaciaire*. Ce continent recouvre-t-il notre
planète jusqu'au pôle; communique-t-il avec la Terre
François-Joseph et remplit-il une partie de ces
régions encore inexplorées qui font face à la Terre
de Wrangel et aux îles de la Nouvelle-Sibérie? Ce
sont là autant de questions qui seront peut-être un
jour résolues, mais qu'il est interdit pour le moment
de trancher dans un sens ou dans l'autre.

Ce que l'on sait, non plus par voie d'hypothèse,
c'est que le Groenland est la vraie terre des glaces
de l'hémisphère boréal; c'est un glacier immense qui,
de tous les côtés, envoie des ramifications jusqu'à
l'Océan, ici débouchant entre les rives escarpées des
fiords, là étalant les murailles de son front sur une
largeur qui se mesure par dizaines, par centaines de
kilomètres. On n'est arrivé du reste à la conviction
sur ce point important de la constitution intérieure
du Groenland qu'il y a un petit nombre d'années.
Les opinions sur ce sujet étaient divisées : les
uns croyaient l'intérieur du Groenland entièrement
recouvert de glaces; les autres pensaient qu'au delà
d'une bordure d'une certaine largeur à partir des
côtes devait exister une région de terres découvertes.
Aucun explorateur n'ayant pu encore, malgré quelques tentatives, pénétrer un peu avant dans l'intérieur, à plus forte raison traverser le Groenland de
part en part, on ne pouvait faire que des conjectures,
basées sur telles ou telles probabilités. Aujourd'hui
le doute n'est plus permis, et l'*Inlandsis* (c'est le
nom qu'on donne à la couche de glace continue qui
couvre le continent groenlandais) s'étend bien de
l'est à l'ouest et probablement aussi du sud au nord

de l'immense surface. C'est donc seulement dans le
voisinage des côtes que la masse en se divisant au
travers des falaises escarpées des fiords, et en se
perdant dans les eaux de la mer, laisse entrevoir la
charpente des terres et des roches sous-jacentes,
toutes parties connues jusqu'à ces derniers temps et

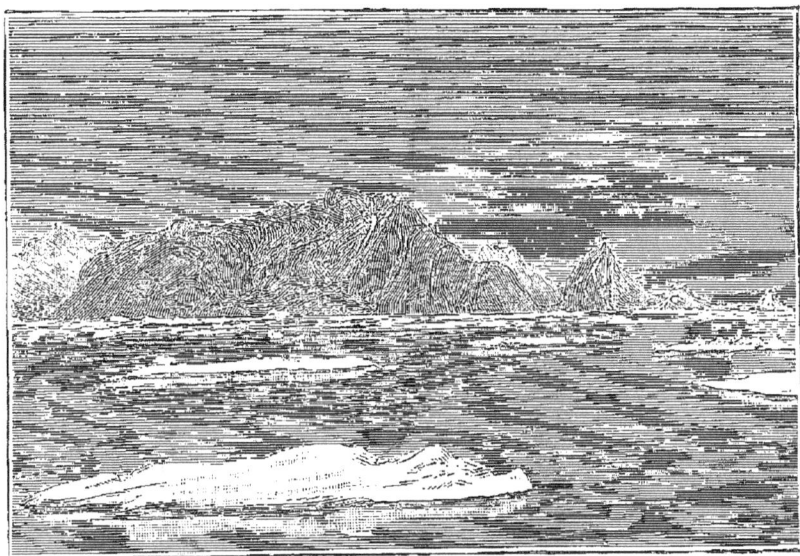

Fig. 37. — Cap Farewell, à la pointe sud du Groenland.

d'ailleurs toutes habitées par de rares groupes d'Esquimaux et de Danois.

Comme toutes les terres de cette zone arctique, le
Groenland présente, sous le rapport du climat, une
différence caractéristique entre les côtes orientales
et occidentales : les premières offrent une température beaucoup plus rigoureuse que celles-ci, et la
raison en est toujours la même, les côtes occidentales étant baignées par les eaux tièdes d'une branche
du Gulf-Stream, tandis que les côtes orientales, lon-
gées par un courant polaire, sont bordées par une
ceinture inaccessible de banquises, qui ne laissent

aux navires aucun passage libre entre ce mur de
glace et la terre. Un seul navire, au prix de manœu-
vres d'ailleurs périlleuses, a réussi à franchir cette
terrible barrière et à atterrir en un point de la côte
Est du Groenland : c'est la *Sofia*, commandée par le
célèbre explorateur et savant suédois M. Nordenskiöld. Dans le cours de la même expédition qui eut
lieu en 1883, M. Nordenskiöld, partant d'un point
de la côte Ouest, au fond du fiord d'Aulaitsivik,
réussit à parcourir en traîneau, sur l'Inlandsis, la
distance de 121 kilomètres; deux Lapons envoyés en
éclaireurs franchirent en outre, dans la même direction, 230 kilomètres, et ainsi le savant suédois put se
convaincre que la carapace de glace du continent
groenlandais était indéfinie et se prolongeait sans
doute jusqu'à la côte orientale. Depuis et tout récemment, c'est-à-dire dans le cours de l'année qui vient
de finir, un nouvel explorateur des régions arctiques,
M. le docteur Nansen, a fait plus : il a effectué la
traversée complète et la démonstration est désormais
absolument établie.

Complétons ces données générales sur l'état physique du Groenland par quelques descriptions que
nous empruntons aux récents explorateurs de cette
contrée d'aspect si curieux; ceux-là seuls qui l'ont
vue de leurs yeux, peuvent en donner la physionomie. On va voir qu'à côté de tableaux d'une morne
tristesse, il s'en trouve de plus riants, de moins sombres du moins. Voici d'abord une description due
à notre compatriote M. Charles Rabot, qui visita en
1888 le glacier de Jakobshavn, chargé d'une mission
scientifique par le Ministre de l'instruction publique :

« Le Groenland est la plus intéressante de toutes
les terres polaires. Ses paysages, partout grandioses,
souvent extraordinaires, laissent au voyageur l'im-
pression d'une région étrange, unique dans l'infinie

Fig. 38. — Upernavick, colonie danoise, sur la côte occidentale du Groenland (latitude nord, 73°.)

diversité des aspects du globe. Vous voyez d'abord
devant la côte un archipel d'îles, d'îlots, de récifs
montueux; d'horizon en horizon se dressent au
milieu de l'Océan des massifs de pics, de dômes, de
plateaux, comme les vestiges d'une terre à demi
submergée. Traversez cette barrière d'îles, vous
découvrez ensuite un continent tout en montagnes

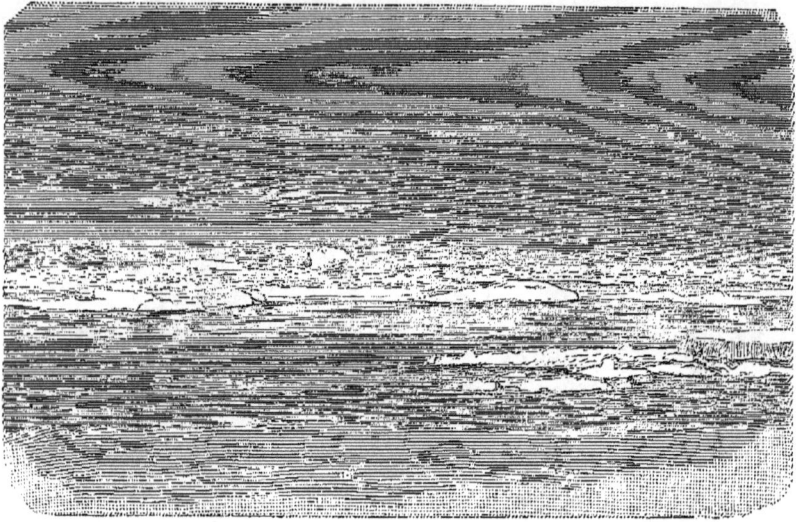

Fig. 39. — Glaces de la côte orientale du Groenland.

abruptes et escarpées. La terre se lève à pic au-
dessus de l'eau, et, à travers cette grande masse
rocheuse, des fiords prolongent la mer au loin dans
l'intérieur du pays. Ces longues baies étroites s'ouvrent entre deux remparts de montagnes, comme
des crevasses que quelque cataclysme aurait formées
au milieu du continent et que la mer aurait ensuite
remplies; nulle part la plus petite plage; le roc
émerge brusquement et se continue droit comme un
mur haut de 1000 mètres et même plus. A l'élévation
et à l'escarpement de ces parois, les fiords du Groenland doivent un aspect particulièrement grandiose.

Fig. 40. — Le pied de l'Inlandsis.

« Dernière cette région, où se trouvent réunis dans un même cadre les horizons de la mer et de la montagne, s'étend l'*Inlandsis*, l'immense glacier qui recouvre l'intérieur du Groenland. Dans ce pays extraordinaire, la glace occupe pour ainsi dire la place de la terre. De l'extrémité des fiords de la côte occidentale au littoral du détroit de Danemark à l'est, une puissante nappe de neige cristallisée couvre une surface grande comme deux fois la France; nulle part ailleurs dans le monde, si ce n'est peut-être autour du pôle sud, il n'existe un pareil glacier. Sous cette carapace cristalline, montagnes et vallées ont disparu; on ne voit plus qu'une plaine blanche, montant en pente douce vers le lointain bleu, sur lequel elle trace une ligne nette et arrêtée, comme l'horizon de l'Océan. Aux bords, apparaissent quelques pointements rocheux, comme des récifs au milieu de cette mer de glace; seuls ils rappellent que là-dessous existe le sol. »

L'aperçu historique suivant des tentatives faites pour traverser le Groenland, que nous empruntons à Élisée Reclus, suffira pour montrer combien est difficile l'accès de l'intérieur; comme le dit notre ami et compatriote, rares sont les voyageurs qui ont dépassé les terres dégagées de glaces, pour s'avancer au loin sur l'Inlandsis :

« En 1728, un gouverneur, ignorant la nature du sol qu'il aurait à traverser, avait fait venir quelques chevaux du Danemark et réuni toute une compagnie de soldats, pour se rendre sur le versant oriental, où il comptait trouver les descendants des anciens colons scandinaves et les inféoder à la couronne du Danemark; mais les chevaux, objets d'admiration pour les Esquimaux, périrent avant qu'on eût pu commencer la cavalcade. Vingt-trois années après,

Fig. 41. — Guides lapons envoyés par Nordenskiöld en exploration sur l'Inlandsis.

un négociant, Lars Dalager, s'aventurait sur le glacier, au nord de Frederikshaab, et en escaladait les hauteurs; toutefois son excursion ne dura qu'une dizaine de jours, et il ne campa sur les glaces que pendant trois nuits.

« Plus d'un siècle se passa avant que d'autres Européens essayassent de pénétrer sur les névés de l'intérieur. En 1860, l'Américain Hayes, dont le navire était alors mouillé au port Foulke, sur les bords du détroit de Smith, gravit les pentes glacées des hauteurs et atteignit, à une centaine de kilomètres du rivage, un point élevé de 1560 mètres : une tourmente de neige l'empêcha d'aller plus avant. En 1867, Whymper, l'un des fameux « grimpeurs » des Alpes, voulut aussi tenter les glaces du Groenland, et en compagnie de Robert Brown il partit de Jakobshavn; mais des contretemps l'obligèrent à revenir en arrière. En 1870, Nordenskiöld et Berggren furent plus heureux : ils s'avancèrent à l'est d'Egedesminde à plusieurs journées de marche sur les glaces, à travers des crevasses et des rivières superficielles fort dangereuses. En 1883, Nordenskiöld poussa plus avant et ses guides lapons pénétrèrent beaucoup plus loin, précisément au milieu du continent groenlandais, à 1947 mètres d'altitude : l'espace franchi fut de 459 kilomètres en 57 heures. En 1878, Jensen et deux compagnons, partis du même point de la côte que Dalager, avaient déjà parcouru le glacier pendant onze jours pour atteindre un *nunatak* ou rocher, au pied duquel un ouragan les avait forcés de se blottir pendant une semaine, et de ce *nunatak*, haut de 1537 mètres, ils avaient pu contempler au loin vers l'est la nappe interminable des glaces. Enfin, en 1888, la traversée du Groenland d'une côte à l'autre a été menée à bonne fin par le Danois Nansen. Les difficultés de ce hardi voyage

furent telles, que l'explorateur ne put suivre le plan
tracé d'avance. N'ayant même pas réussi à débarquer
sur la terre ferme, il avait dû aborder sur une banquise de la côte orientale, qu'il croyait sillonnée de
crevasses faciles à traverser; mais le champ de glace
se composait de fragments que la mer entraînait au
large, et la petite caravane échappa très péniblement
au courant qui la portait en sens inverse du but
cherché. Ce voyage à travers le radeau flottant et
brisé ne dura pas moins de douze jours, et l'at-
terrissage ne se fit qu'à plus de 400 kilomètres
de l'endroit visé d'abord : il leur fallut remonter
d'autant le long du littoral. De même, à l'intérieur,
l'itinéraire dut être changé. Glissant sur leurs patins
à neige et tirant ou poussant leurs traîneaux, qu'ils
munissaient de voiles en temps favorable, les voyageurs traversaient le glacier dans la direction du
nord-ouest vers Kristiaanshaab, lorsqu'une tempête
de neige vint les assaillir et les obliger à changer de
route. Pour ne plus avoir à combattre le vent, ils
marchèrent vers l'ouest, et gravirent peu à peu le
plateau, jusqu'à l'altitude d'environ 3000 mètres,
campant dans les cavités de la glace. C'était alors la
saison d'été; néanmoins la température oscillait de
— 40 à — 50 degrés, et malgré ces horribles froids,
souvent aggravés par la tempête, la petite troupe
descendit enfin, le quarante-sixième jour, au fiord
d'Ameralik, non loin de Godthaab. On comprend ce
que coûtera d'efforts l'exploration complète d'un
pays où le premier itinéraire, suivi de rive à rive,
n'a pu être tracé qu'au prix de telles fatigues [1] »

1. É. Reclus, *Géographie universelle*, t. XV.

CHAPITRE VI

LES PAYS FROIDS

I

Islande, Laponie, Finlande.

Les zones des contrées de la terre qu'on peut considérer comme un prolongement des zones glaciales ou polaires, s'en distinguent toutefois par ce fait que, pendant les saisons estivales, elles se débarrassent à peu près complètement du manteau de neiges et de glaces qui les recouvre pendant l'hiver. Elles n'en sont pas moins, à juste titre, des *pays froids*, par comparaison avec les contrées des deux zones tempérées, leurs hivers étant à la fois plus rigoureux et plus longs.

En Europe, l'Islande, la partie septentrionale de la Scandinavie et de la Russie; en Asie, la Sibérie presque tout entière; en Amérique, l'Alaska et une partie du Canada, la presqu'île du Labrador; en Amérique méridionale, la Terre de Feu et les îles qui la terminent au sud; quelques îles dans l'océan Indien, le Pacifique et l'Atlantique sud : telles sont les contrées qu'on peut ranger sous cette dénomination de pays froids, et dont nous allons brièvement

Fig. 42. — L'ours polaire.

décrire le climat, en nous bornant au doublé phénomène des neiges et des glaces, qui les couvrent
plus ou moins pendant leur saison d'hiver.

Par son nom de « Terre des Glaces », l'Islande
indique assez quel est son climat. Couverte de plateaux élevés, de montagnes abruptes dont plusieurs
sont volcaniques, les neiges et les glaces ont longtemps défendu l'intérieur de l'île contre toute exploration, et aujourd'hui plusieurs régions restent inconnues. Des glaciers, d'immenses champs de névé
occupent les flancs des vallées et produisent des
masses de glaces qui ne diffèrent des véritables
glaciers que par l'absence de mouvement, dû sans
doute à leur faible inclinaison. On évalue la surface
d'un de ces *jôklar* (c'est le nom donné aux amas
de ce genre) à environ 8000 kilomètres carrés. Il
existe aussi en Irlande de véritables glaciers, présentant tous les phénomènes des glaciers alpins,
moraines, crevasses, etc., et qui, comme eux, sont
soumis à des périodes d'accroissement et de diminution. A une époque inconnue, certains d'entre eux
descendaient beaucoup plus bas; comme les glaciers
du Spitzberg et du Groenland, leurs fronts venaient
déboucher jusque dans la mer. Dans les flancs de
certaines vallées, on observe encore les traces de
glaciers disparus. Il paraît donc certain que l'Islande
a passé jadis par une période de froid analogue à
la période glaciaire qui a existé sur d'autres régions
et peut-être identique avec elle.

Si l'Islande a été nommée « l'île des Glaces » et
aussi « l'île des Neiges », on aurait pu, à tout aussi
juste titre, lui donner le nom d' « île de Feu », car les
volcans la couvrent de leurs cendres et de leurs
laves, et les blocs incandescents qu'ils vomissent
forment le plus singulier contraste avec les masses
neigeuses couvrant les flancs des cratères en éruption.

C'est un de ces contrastes qu'on rencontre encore ailleurs : dans l'hémisphère boréal, à l'extrémité orientale de la Sibérie, dans la presqu'île de Kamtchatka, et dans celle de l'Alaska ; dans l'hémisphère sud, au milieu des glaces des terres antarctiques, qu'illuminent les feux des volcans Erebus et Terror.

Toute la partie septentrionale de la presqu'île scandinave, que coupe le cercle polaire arctique et qui confine aux régions de la zone polaire boréale, la Laponie, puis la Finlande et les provinces de la Russie du Nord peuvent aussi être rangées dans la zone des pays froids : hivers prolongés durant en moyenne les deux tiers de l'année, chutes plus ou moins abondantes de neiges qui couvrent le sol, pendant que les glaces obstruent les cours d'eau et emprisonnent les eaux des lacs, printemps et étés courts et chauds, suffisant toutefois pour activer la végétation et mûrir les moissons. Telle est la physionomie générale de ces contrées, dont les plus septentrionales ont le privilège, vers le solstice de juin, de voir le soleil faire le tour de l'horizon pendant plusieurs jours, privilège compensé en décembre par des nuits de même durée. Voici d'ailleurs sur les régions que nous venons d'énumérer quelques récits détaillés, quelques tableaux propres à en fixer la physionomie dans l'esprit du lecteur.

Dans le récit de son voyage en Laponie, M. Ch. Martins a décrit en ces termes un paysage appartenant à un plateau du pays, le Nuppivara, situé à 600 mètres environ au-dessus de la mer.

« Rien ne peut donner une idée de l'aspect désolé et cependant grandiose de ce plateau élevé. Les larges ondulations du terrain, toujours les mêmes, se succèdent indéfiniment les unes aux autres. Rarement un rocher aux formes abruptes, dépassant le niveau général, rompt momentanément l'uniformité

9

du paysage. Partout la roche est à nu; seulement çà
et là des buissons rabougris de bouleau nain, et
quelques végétaux plus humbles encore se cachent
dans les replis du terrain où ils sont à l'abri des vents
glacés, qui se promènent librement sur ces espaces
découverts. Des lacs solitaires dorment dans les
grandes dépressions du sol. Les uns, d'une vaste
étendue, ajoutent encore à la monotonie de cet
aspect. Les autres, plus petits, ne sauraient l'animer;
car aucun arbre, aucune herbe ne baigne ses racines
dans leurs eaux jaunâtres, aucun mollusque ne
rampe sur leurs bords dénudés, aucun oiseau ne
rase leur surface de son aile rapide; leurs profondeurs seules sont habitées par de nombreux poissons
que les Lapons viennent pêcher en automne. Pendant
l'été, des myriades de cousins s'élancent de ces lacs
et interdisent aux voyageurs le trajet de ce plateau.
En hiver, tout gèle, et pendant huit mois la terre et
l'eau disparaissent sous un linceul de neige. Le
sentiment de l'isolement et de l'abandon remplit
l'âme du voyageur qui traverse ces déserts du Nord.
Rien ne vit autour de lui; tout est silencieux et mort.
Toujours au centre d'un paysage qui ne change pas,
voyant toujours dans la même direction les cimes
neigeuses de la chaîne lointaine du Lyngen, qui se
perd à l'occident, il est tenté de croire qu'il n'avance
pas, mais qu'il tourne sans cesse dans un cercle
magique [1]. »

Les côtes de Laponie, comme d'ailleurs celles de
Norvège et de Finlande, n'ont pas des froids d'une
rigueur excessive. Ces contrées, soumises au régime
des vents relativement doux qui soufflent de l'Atlantique, ont un climat maritime; les vents du nord
eux-mêmes y sont moins froids que ceux de l'est ou

1. *Du Spitzberg au Sahara.*

Fig. 43. — Faune des glaces polaires. — Les phoques.

du sud-est. Sur les plateaux inférieurs où ces derniers courants sont dominants, les hivers sont au
contraire rigoureux, et le thermomètre s'y abaisse
jusqu'à — 40°. Dès les premiers jours d'octobre tombe
la neige, qui reste à demeure et ne fond guère qu'à la
fin de mai, couvrant ainsi le sol pendant huit grands
mois.

En hiver, la Finlande, avec ses lacs innombrables,
n'est plus, pour ainsi dire, qu'une vaste plaine de
glace. Le Ladoga et l'Onéga, qui en forment la limite
au sud-est, sont pendant quatre ou cinq mois couverts d'une épaisse couche cristalline, d'autant plus
épaisse que les variations de la température hiver-
nale sont plus nombreuses, ce qui tient à ce que les
glaçons formés successivement s'entassent les uns
sur les autres sous l'action des vents. La Néva, qui
réunit les eaux du Ladoga au golfe de Finlande, est
prise elle-même chaque année pendant un intervalle
de temps fort variable, de 138 jours en moyenne
(de 150 années). En 1822, dit Reclus, le fleuve est
resté pris 87 jours seulement, tandis qu'en 1852 la
congélation a persisté pendant 194 jours. Sur le lac
Peipous, situé un peu au sud des précédents, la congélation dure encore assez longtemps pour que les
pêcheurs bâtissent sur la glace des villages temporaires, dans le voisinage des fontaines de pêche;
l'été, ils remisent sur les bords du lac leurs maisons
démontées, construites en bois de bouleau. Quelque
épaisse que soit la couche de glace qui recouvre en
hiver les lacs de Finlande, les eaux sous-jacentes
sont encore assez profondes et assez aérées pour y
maintenir vivante leur population de poissons. Le
Ladoga, l'Onéga et le Peipous renferment même des
phoques nombreux, que l'on chasse en hiver, quand
ces animaux viennent respirer sur les glaçons ou à
l'orifice des trous percés dans la couche cristalline.

On conclut de la présence de ces amphibies dans les lacs finlandais qu'il existait jadis une communication directe entre eux et la mer, comme le Ladoga l'est aujourd'hui par l'intermédiaire de la Néva.

Toute la région comprise au nord de la Russie d'Europe et formant le versant de l'océan Glacial, a un climat tout semblable à celui de la Sibérie, dont elle n'est séparée que par la chaîne de l'Oural. C'est encore, pendant de longs mois d'hiver, la glace et la neige qui règnent sur ces plaines et sur les fleuves qui les arrosent. La Dwina, devant Arkhangelsk est prise pendant plus de la moitié de l'année (191 jours); ce n'est guère que durant 125 jours que la Petchora est libre de glaces (du 25 mai au 1er octobre).

II

La Sibérie. — Le climat.

La Sibérie est, par excellence, le pays du froid. Du moins dans l'opinion populaire, et quand on veut parler d'une température excessive au-dessous du point de glace, on la qualifie par l'expression de *froid sibérien*. Et en vérité, c'est bien en Sibérie qu'ont été relevées les températures les plus basses observées dans l'hémisphère boréal. C'est en Sibérie que se trouve la région de l'un des pôles de froid de cet hémisphère; car on a vu qu'il y en a deux, et que le second se trouve dans l'archipel américain arctique. Mais il ne faut pas oublier que la Sibérie est une contrée fort étendue, que du sud au nord elle n'embrasse pas moins de 29 degrés en latitude et l'on conçoit qu'il existe une sensible différence de climat entre la Sibérie du Nord dont les plaines bordent les côtes de l'océan Glacial, et la Sibérie du Sud qui fait

plutôt partie de la zone tempérée; de même la
Sibérie occidentale, où dominent les vents venant
de l'Atlantique réchauffés par les courants marins,
n'a point la même physionomie météorologique que
la Sibérie orientale, où règnent les vents froids qui
ont passé sur les eaux glacées du Pacifique boréal.
Du côté de l'ouest, c'est encore le climat maritime,
relativement tempéré; à l'est, c'est le climat con-
tinental, caractérisé surtout par des températures
excessives, en été comme en hiver. D'ailleurs ce
n'est pas seulement par des différences thermométriques que s'accusent ces contrastes, mais aussi par
la quantité d'humidité, pluies ou neiges tombées.
Cette quantité est plus grande dans la Sibérie occidentale que dans la Sibérie orientale.

Quoi qu'il en soit de ces différences, la Sibérie est
bien, dans son ensemble, la contrée des hivers
rigoureux, des températures extrêmes, le pays des
neiges et surtout des glaces, qui pendant de longs
mois couvrent ses plaines monotones, obstruant ses
marais et ses lacs, et arrêtent le cours de ses fleuves,
presque tous conduisant leurs eaux du sud au nord,
où elles vont se perdre dans l'océan Glacial sous les
banquises qui relient la mer au continent.

Donnons quelques chiffres qui suffiront pour faire
comprendre comment, sur toute la surface d'une
contrée qui égale en étendue un continent, tout ce
qui affecte en été la forme liquide est solidifié en
hiver sous des épaisseurs et des profondeurs extraordinaires. Durant des semaines entières, dans la
Sibérie du Nord, on voit le thermomètre accuser des
températures de — 30° centigrades et descendre au-
dessous de la congélation du mercure, à — 50°. A
Iénisséisk, en 1871, on a noté — 48°,6; à Iakoutsk,
— 62°. Par un contraste qui se rencontre assez
souvent dans les climats du Nord, aux hivers d'une

longueur et d'une rigueur excessives succèdent un
printemps et un été très courts, où les rayons solaires
communiquent au sol et à l'air une chaleur parfois
intolérable. Il n'est pas rare de voir le thermomètre
marquer 30° à l'ombre; exceptionnellement on l'a vu
monter jusqu'à 38°. Ainsi, entre les températures des
hivers et des étés sibériens, l'écart peut s'élever
jusqu'à 100° centigrades. La région du pôle de froid
n'est donc pas, comme on pourrait se le figurer, une
région de froid perpétuel et continu, et la Sibérie
tout entière perd elle-même un peu de cette réputa-
tion qui l'a fait considérer si longtemps comme un
pays désolé que le froid rend inhabitable ou à peu
près. Voici le tableau de son climat, peint par une
plume compétente et bien renseignée :

« Les voyageurs qui ont subi l'hiver sibérien dans
toute sa rigueur en parlent avec un effroi mêlé
d'admiration. Un silence infini pèse sur l'espace.
Tout semble endormi : les mousses, les herbes sont
cachées dans la neige ou saisies par la gelée; les animaux sont blottis dans leurs tanières; les fleuves ont
cessé de couler, et, comme leurs rives disparaissent
sous la glace ou sous la neige, la terre, éblouissante
de blancheur au centre du paysage, mais grise dans
le lointain, n'offre pas un objet sur lequel puisse
s'arrêter la vue. Ni ligne brusque, ni couleur vive ne
rompent l'uniformité de l'espace. Le seul contraste
avec la morne étendue de la terre est celui de l'inal-
térable azur où chemine le Soleil, en s'élevant de
quelques degrés à peine au-dessus de l'horizon.
L'astre se lève et se couche, par des froids de 30 à
40 degrés centigrades, avec des contours nets, sans
cette auréole rougeâtre qui l'entoure d'ordinaire au
bord de l'horizon. La force de ses rayons est telle,
que la neige fond sur le côté des toits exposés à la
lumière, tandis qu'à l'ombre la température varie de

24 à 30 degrés au-dessous du point de glace. La nuit,
quand l'aurore boréale n'étend pas dans le ciel ses
drapeaux multicolores et n'éclate pas en fusées silen-
cieuses, les étoiles et la lumière zodiacale brillent
avec un singulier éclat; peut-être sur nulle autre
partie de la Terre ne s'étend un ciel aussi favorable
aux observations des astronomes. Dans cette région
du pôle de froid, l'atmosphère est d'une clarté parfaite : on n'y voit aucun nuage, si ce n'est au bord
des rivières, d'où s'échappe un épais brouillard composé de particules glacées, ou bien dans le voisinage
des troupeaux, cachés par les amas de vapeurs que
forme leur haleine; mais l'air qui contient les fins
cristaux du brouillard n'est pas moins sec que l'atmosphère transparente. L'homme ose affronter ces froids
terribles; mais les animaux restent blottis dans leurs
trous : seul le corbeau se hasarde dans l'air, d'un vol
faible et lent, en laissant après lui une légère traînée
de vapeur. D'ailleurs, les hivers sibériens sont moins
pénibles à supporter que ne se l'imaginent les étran-
gers avant de l'avoir subi : convenablement nourri,
bien vêtu, couvert de fourrure, le nouveau venu n'a
rien à craindre; peu de climats sont plus salubres
que celui de la froide Sibérie orientale, avec son air
si transparent, si calme, si parfaitement sec et si pur.
On n'a jamais vu de phtisiques à Tchita, dans cette
froide Transbaïkalie où le mercure reste congelé
des semaines entières.

« A ce rigoureux hiver, qui fend le sol et découpe
les falaises des fleuves en colonnades régulières
comme celles des basaltes, succède un soudain et
délicieux printemps : ce changement est si rapide,
que la nature paraît brusquement renouvelée; la
verdure des feuilles qui s'entr'ouvrent, le parfum des
fleurs naissantes, la tiédeur enivrante de l'atmosphère, la clarté rayonnante du ciel, tout s'unit pour,

faire de la joie de vivre une véritable volupté. Il semble aux Sibériens visitant les pays tempérés de l'Europe occidentale qu'en dehors de leur patrie le printemps est inconnu. A ces premiers jours du renouveau succède une période froide, venteuse, changeante, provenant de la perturbation que le dégel de l'immense étendue neigeuse produit dans l'atmosphère : il se fait un retour de froid analogue à celui des « saints de glace » de l'Europe maritime; mais ce retour, plus tardif, n'a lieu en Sibérie que le 20 mai; les gelées nocturnes brûlent les fleurs des pommiers : c'est pour cela qu'il est impossible d'obtenir des pommes dans la Sibérie orientale, quoique pourtant la quantité totale de la chaleur estivale suffise pour la maturation des fruits. Les froids de l'hiver s'annoncent bientôt après le rapide été : souvent il gèle pendant la nuit dès le milieu de juillet; dès le 10 août, les feuilles des arbres, jaunies par le froid, commencent à tomber; six jours après, le mélèze seul a gardé quelques-unes de ses aiguilles. Il arrive aussi, dès le commencement d'août, que les neiges, s'entassant sur les arbres feuillus, les courbent sous leur poids et cassent les branches [1]. »

III

Les glaces du sous-sol sibérien. Les mammouths.

Les glaces des hivers sibériens n'envahissent pas seulement les cours d'eau, les marais et les lacs; elles pénètrent aussi le sol à des profondeurs inconnues dans d'autres régions; même après les chaleurs

[1]. E. Reclus, *Géographie universelle*, t. VI.

de l'été, c'est tout au plus s'il est possible de creuser
à 2 mètres d'épaisseur; au delà, la terre reste congelée, car il n'est pas rare de rencontrer alors des
blocs de glace sous-jacents. Ce phénomène a été
constaté dans un sous-sol au-dessus duquel végé-
taient cependant des forêts ou mûrissaient des cé-
réales. Le forage d'un puits à Iakoutsk a révélé ce
fait curieux que le sol y reste congelé à plus de
100 mètres de profondeur, bien que l'accroissement
de la température avec la profondeur s'y fasse
sentir plus rapidement qu'ailleurs. Voici l'histoire de
ce forage. Un négociant d'Iakoutsk, nommé Fédor
Schergin, avait commencé en 1828 à faire creuser un
puits, dans le sol gelé, avec l'espoir d'y trouver de
l'eau. A la profondeur de 50 pieds anglais, la température du fond du puits n'était, d'après Erman,
que de — 6° Réaumur ou — 7°,5 centigrades. A 27
mètres, on n'avait encore trouvé que de la glace, et
pas d'eau liquide. La température moyenne d'Iakoutsk étant de — 9°,5, Erman en conclut qu'on ne
parviendrait à des couches dégelées qu'après avoir
creusé assez pour que l'accroissement de température fût au moins de 6° Réaumur. En se reportant
aux expériences antérieures et à celles qu'il avait
faites lui-même dans l'Oural, il prévoyait qu'on serait
obligé de creuser jusqu'à 500 ou 600 pieds de France;
en conséquence Schergin abandonna l'entreprise.
L'amiral Wrangel, de passage à Iakoutsk, ayant
décidé le propriétaire du puits à continuer le forage
dans un intérêt purement scientifique, on alla jusqu'à
la profondeur de 116 mètres, profondeur qui fut
atteinte en 1837, sans qu'on ait pu traverser la
couche de glace.

En d'autres points, le sol de la Sibérie est loin
d'être congelé à de telles profondeurs; mais dans les
régions du nord de cette contrée les nappes de glace

souterraine se rencontrent souvent. « Dans les sables
aurifères du Iénisséi, dit Reclus, on a trouvé entre
les graviers et la tourbe un banc de glace de 6 mètres
et demi d'épaisseur. Les lentilles de glace cristalline,
les glaçons brisés, les blocs épars de toute forme,
plus ou moins mélangés de sable ou de boue, se rencontrent partout dans le sol, et quand on se promène
au bord de la mer ou des fleuves, on peut assister à
la formation de ces veines transparentes. La mer
apporte des glaçons sur ses bords et les recouvre
ensuite de sable. De même, les rivières superposent
glaçons et boues; là où le sol se crevasse, l'eau
pénètre pour se congeler en lentilles. De même, les
neiges entassées dans les ravins et recouvertes par
les éboulis, se changent graduellement en masses
cristallines. Ainsi se forment ces glaces fossiles dont
les plus anciennes se déposèrent certainement à des
époques géologiques antérieures. »

Ceci nous amène à dire un mot des squelettes de
mammouths découverts dans les glaces de la Sibérie.
C'est une des plus curieuses trouvailles de la science
paléontologique. C'est peu après la conquête de la
Sibérie qu'on commença à connaître en Russie
l'existence d'ivoire fossile que les indigènes de la
Sibérie du Nord trouvaient en grande quantité sur
les berges des fleuves tels que l'Iénisséi; en même
temps que des éboulis causés par le dégel les met-
taient au jour, des os nombreux d'un animal gigantesque étaient recueillis et démontraient bientôt aux
savants qui les étudièrent qu'ils appartenaient à un
éléphant d'une espèce particulière à l'Asie septentrionale. Cet éléphant est le *mammouth*, selon la
dénomination populaire d'origine tartare aujourd'hui
consacrée; pour les paléontologistes, c'est l'*elephas
primigenius*, qui existait autrefois, non seulement en
Sibérie et dans la Russie du Nord, mais en Angle-

terre, en France, en Suisse, en Allemagne et dans l'Amérique septentrionale.

Bientôt la nouvelle se répandit d'une découverte plus extraordinaire, celle d'un corps entier de mammouth que la glace avait conservé avec sa peau, ses poils, une partie de sa chair. Déjà, à la fin du XVIIe siècle, un voyageur qui faisait le commerce de l'ivoire fossile avait affirmé à un diplomate russe « avoir trouvé une tête de mammouth dans un morceau de terre gelée qui s'était éboulé. La chair était décomposée, mais les os du cou étaient encore colorés par le sang, et, dans le voisinage de la tête, se trouvait également un pied gelé. Le pied fut apporté à Turuchansk, circonstance dont on peut induire que cette découverte avait été faite sur l'Iénisséi.

Un second mammouth fossile fut découvert en 1787 sur l'Alaseïa, fleuve tributaire de l'océan Glacial. L'animal, enterré dans les bancs de sable de la rive, était encore debout, et recouvert de sa peau ainsi que de ses poils.

Un autre mammouth fut trouvé, en 1799, par un Toungouse, dans la presqu'île de Tamut, près de la Léna. Il était enfoui dans la terre gelée, et le découvreur eut la patience d'attendre cinq années, que le dégel lui permit d'extraire les défenses qu'il convoitait. Dans l'intervalle, les chiens et les carnassiers avaient en partie entamé et dévoré les parties charnues de l'animal. En 1806, l'endroit où il gisait encore fut visité par un savant, l'académicien Adams. Par ses soins on recueillit le squelette, une partie de la peau et de la crinière et le tout fut expédié à Saint-Pétersbourg, où il figure encore au Musée.

D'autres découvertes ont été faites depuis, en 1839, en 1843, en 1856, en 1877 : les unes de corps de mammouths plus ou moins bien conservés, la dernière de celui d'un rhinocéros, dont la tête couverte de poils, comme l'était le mammouth, dénote aussi une espèce boréale. Les recherches des géologues jointes à celles des paléontologistes ont amené les savants à cette opinion, qu'à une époque excessivement reculée les régions sibériennes nourrissaient des troupeaux d'élé-

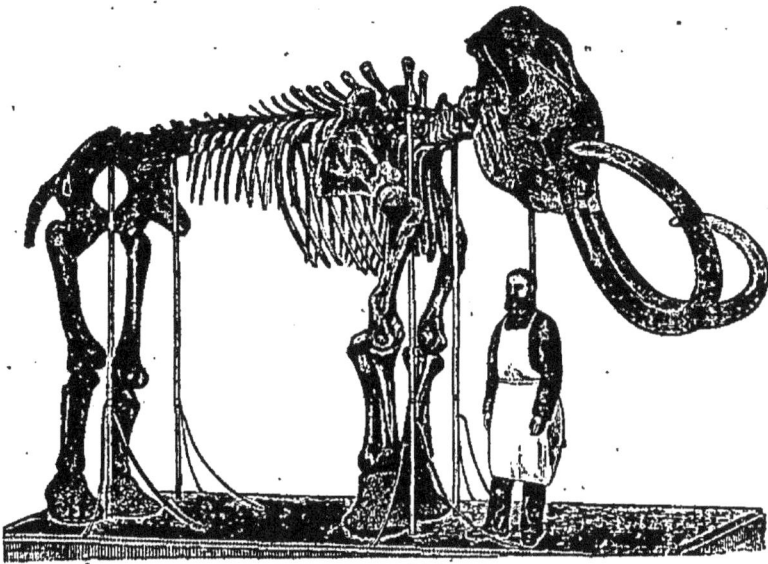

Fig. 44. — Mammouth fossile, au musée de Saint-Pétersbourg.

phants, de rhinocéros, etc., constitués pour vivre dans un climat relativement froid, comme le prouvent les toisons dont leurs cadavres ensevelis sont encore revêtus. On a trouvé, dans les interstices de leurs dents, dans la terre dont ils étaient recouverts, les débris de végétaux semblables à ceux des végétaux actuels, mélèzes, bouleaux nains, saules polaires, d'où l'on a conclu que le climat de la Sibérie n'a pu varier beaucoup depuis l'époque où ces animaux avaient été enfouis. Le rhinocéros trouvé en 1877 sur les bords d'un affluent de la Léna aurait donc habité une région qui est aujourd'hui considérée comme une des plus rigoureuses du globe (on sait

que là est un des pôles de froid), où en hiver le thermomètre a descendu jusqu'à — 62°. Mais les étés y
sont très chauds, nous l'avons vu plus haut. « En
hiver, dit Nordenskiöld, les arbres éclatent souvent
avec un bruit de tonnerre, et, sous l'influence du
froid, le sol se crevasse : néanmoins la végétation
forestière est très belle dans ces parages et s'étend
même jusque dans le voisinage des côtes de l'océan
Glacial, où d'ailleurs le froid est beaucoup moins vif
que dans l'intérieur des terres. Les grands mammi-
fères trouvaient dans ces contrées des pâturages
excellents, suffisants pour les nourrir tout l'été. En
effet, dans les endroits abrités, inondés lors des crues
du printemps, se rencontre encore assez loin au nord
de la limite des forêts sibériennes une belle végétation d'arbustes, dont les feuilles, fraîches et succu-
lentes, que ne brûle aucun soleil tropical, devaient
former un véritable régal pour ces herbivores. Enfin
les régions les plus froides de l'extrême nord sont
fertiles, comparées à beaucoup de contrées où le cha-
meau peut tout au plus trouver sa nourriture, comme
par exemple sur la côte orientale de la mer Rouge. »

Ainsi se peut expliquer l'existence d'animaux tels
que le mammouth et le rhinocéros dans des contrées
d'où il semble avoir depuis longtemps disparu. Mais
comment rendre compte de leur disparition? Ont-ils
été noyés en masse dans quelque cataclysme, dans
une inondation soudaine, puis gelés et enfouis? Chose
singulière, « plus on approche des côtes de l'océan
Glacial, plus les débris de mammouths abondent,
notamment dans les endroits où de grands éboulements se sont produits après la débâcle des glaces au
printemps. Nulle part pourtant on ne les trouve en
aussi grande quantité que dans la Nouvelle-Sibérie.
Hedenström dit avoir vu dans cet archipel, sur une
étendue d'une verste seulement, dix défenses à fleur

de terre, et lorsqu'il visita l'île Ljackoff, un seul banc de la partie ouest de l'île fournissait aux chercheurs d'ivoire leurs meilleures récoltes, depuis quatre-vingts ans. Probablement on continue encore à faire dans ces parages de nouvelles trouvailles. L'érosion de la mer met en effet progressivement à jour, sur les bancs de sable du rivage, des os et des défenses que l'on peut recueillir lorsque, sous l'influence des vents d'est persistants, les eaux laissent à sec ces bas-fonds. Les défenses que l'on exhume des côtes de l'océan Glacial sont plus petites que celles que l'on découvre plus au sud. Lorsque le mammouth habitait les plaines de la Sibérie, des animaux d'âge différent paissaient ensemble ; les plus jeunes étant les plus agiles s'aventuraient plus au nord, peut-être aussi parce qu'ils souffraient davantage des mouches. Telle est l'explication que l'on peut donner de ce fait [1]. »

IV

Tourmentes de neige.

Dans son séjour forcé sur les côtes de Sibérie pendant l'hiver de 1878-1879, Nordenskiöld fait une différence entre ce qu'il nomme le *möstorm* (chute de neige accompagnée de vent) et la *tourmente* (tempête de neige, mais sans chute de neige). « La hauteur de neige tombée ne fut pas, dit-il, en elle-même très grande ; mais, comme pendant l'hiver il n'y eut jamais aucun dégel partiel à la suite duquel la surface pût se couvrir d'une croûte de verglas, la plus

[1]. Nordenskiöld, *Voyage de la Vega autour de l'Asie et de l'Europe*, t. I.

grande partie de la neige tombée resta si pulvérulente, qu'au moindre souffle de vent elle s'élevait en
tourbillons. Par un ouragan ou une forte brise, la
neige s'envolait jusque dans les couches supérieures
de l'atmosphère, où elle formait un nuage tellement
dense, que l'on ne pouvait plus rien distinguer, même
à quelques mètres de distance. Par un pareil temps,
il était impossible de tenir aucun chemin ouvert, et
tout homme qui se fût alors égaré, eût été perdu
sans espoir, à moins qu'il n'eût pu, comme les
Tschuktchiss, attendre la fin de la tourmente enfoui
sous un monceau de neige. Même par un vent faible
et avec un ciel pur, il se produisait à la surface du
sol un courant de neige haut de quelques centimètres, dans la direction de la bise, c'est-à-dire généralement du nord-est au sud-ouest. Ce courant entraînait des monceaux de neige derrière tous les abris
qu'il rencontrait, et recouvrait plus sûrement même
que la tourmente, quoique plus lentement, les objets
laissés sur le sol et les sentiers battus. La quantité
d'eau qui se trouve ainsi transportée par ce courant
solide, peu considérable il est vrai, mais constant et
animé d'une vitesse égale à celle du vent, des côtes
septentrionales de la Sibérie vers des contrées plus
méridionales, est comparable à la masse d'eau des
plus grands fleuves. Au point de vue climatologique,
ce courant joue un rôle assez important, notamment
comme conducteur du froid jusqu'aux régions fores-
tières les plus septentrionales; à cet égard il mérite
d'attirer l'attention des météorologistes....

« La neige qui tombait pendant l'hiver était formée
généralement de petits cristaux isolés ou d'aiguilles
de glace. Nous voyions rarement ces beaux flocons,
semblables à des étoiles, dont l'habitant du Nord a si
souvent occasion d'admirer les formes élégantes et
variées comme les figures d'un kaléidoscope. Même

Fig. 45. — Tempête de neige.

par un vent faible et un temps assez doux, les couches inférieures de l'atmosphère étaient remplies de
ces aiguilles de glace, à travers lesquelles les rayons
du soleil se réfractaient en produisant des halos et
des parhélies. »

V

Glaces des fleuves sibériens. — La débâcle.

« L'orientation des fleuves de Sibérie dans le sens
du méridien donne à leur débâcle un caractère particulier. Tandis que, sur les confins de la Tartarie ou
bien à la base des montagnes de l'Altaï, la surface
des rivières n'est prise que trois ou cinq mois, la
glace se maintient de plus en plus longtemps à
mesure que le courant passe sous des latitudes plus
septentrionales, et, du 72e au 75e degré de latitude,
les embouchures des fleuves ne sont ouvertes que
pendant une durée de soixante à cent jours : c'est de
la fin de juillet au milieu de septembre seulement
que les marins et les pêcheurs, lorsqu'ils fréquente-
ront l'océan Glacial, pourront compter sur une libre
entrée dans les fleuves de la Sibérie. Middendorf a
calculé que, pour chaque degré de latitude entre le
56e et le 72e, la durée de la crise augmente en
moyenne d'un peu plus de neuf jours; mais le retard
de la débâcle ne se fait pas d'une manière régulière
du sud au nord : dans la Sibérie méridionale la période de congélation n'augmente pas même d'une
semaine par degré de latitude, tandis que pour un
même espace elle s'accroît de plus d'un mois pour
les grands fleuves dans le voisinage de l'océan Glacial. Une des principales raisons de cet écart provient
de ce que les sources manquent dans les régions du

nord : aucun filet d'eau n'y monte des profondeurs
·pour fondre les glaces supérieures.

« La débâcle n'aurait jamais lieu dans les fleuves
du nord de la Sibérie, si elle n'avait été préparée
pendant l'hiver par les mouvements de la glace elle-
·même. Mais plus les froids ont été violents, plus la
gélée a pénétré dans les eaux profondes, et plus la
couche cristallisée contractée par le refroidissement,
s'est fissurée et fendillée dans tous les sens; le bruit
des glaces qui se désagrègent pendant les nuits de
grand froid ressemble parfois à celui d'une bataille :
on croirait entendre le crépitement de la fusillade,
dominé de temps en temps par le grondement de
·l'artillerie. En même temps, l'eau des profondeurs
qui se gèle soudain a besoin d'un espace plus considérable; elle repousse la couche supérieure des glaces
et la recourbe en forme de voûte. Au printemps,
lorsque le fleuve a repris son cours, et fait effort déjà
·pour emporter sa carapace, il commence par inonder
ses deux rives en se donnant ainsi deux rivières latérales ou *zaberegi* : pour traverser le fleuve, il faut
franchir en bateau l'une des coulées pour traîner
·l'embarcation par-dessus la voûte de glace et recom-
mencer la navigation sur la coulée de l'autre rive. En
se bombant peu à peu, la glace fissurée finit par se
diviser inégalement en blocs énormes qui se mettent
en mouvement dans l'eau toujours grossissante. Les
fragments qui s'arrachent du fond du lit, près des
berges, soulèvent avec eux les vases, les argiles, les
cailloux et même les blocs de rochers et cheminent
avec leur fardeau. Toute la masse, boueuse ou transparente, commence ainsi sa marche vers la mer;
mais, descendant vers des régions plus froides, elle
rencontre des barrages de glace encore solides qui
résistent à la pression de la débâcle; parfois aussi les
vents polaires, qui soufflent avec violence, retardent la

marche des glaçons brisés et les arrêtent à quelque tournant : formant digue, les blocs s'empilent les uns sur les autres, retiennent les eaux en amont et les font monter d'un mètre en quelques heures. Ne trouvant plus d'issue vers l'aval, les eaux et les glaces doivent s'épancher latéralement, la masse se précipite contre les berges, ou reporte les galets plus avant, pour dresser ici des barrages de débris et labourer ailleurs d'énormes sillons dans le sol. Chaque année les glaces tracent ainsi de nouvelles rives au lit fluvial [1]. »

Les grands froids des hivers sibériens déterminent dans les cours d'eau des interruptions de la circulation fluviale et des phénomènes singuliers, que notre éminent ami Élisée Reclus décrit ainsi dans le tome VI de la *Géographie universelle* :

« En n'évaluant qu'à la moitié de la chute annuelle des pluies et des neiges la quantité d'eau que l'Ob, le Iénisséi et la Léna emportent à la mer Glaciale, le débit moyen de chacun de ces fleuves doit être d'au moins 10 000 mètres cubes d'eau par seconde, quadruple de la portée du Rhône ou du Rhin; mais ce débit est inégalement réparti pendant l'année : en hiver, les dalles glacées de la surface retardent la marche des eaux profondes et celles-ci n'occupent alors qu'une moindre partie du lit. Les petits cours d'eau s'arrêtent même complètement, la masse liquide est prise jusqu'au fond du lit : l'épaisseur de la couche glacée sur les rivières et les lacs des hautes latitudes, variant d'environ 1 mètre à 2m,40, les ruisseaux et même les cours d'eau considérables se trouvent changés en masses solides, d'autant plus facilement que les glaces du fond se sont élevées çà et là de manière à former des barrages sur lesquels

---

1. *Géographie universelle* d'É. Reclus.

s'appuient les glaces supérieures. L'eau des sources ou des ruisseaux non encore gelés qui cherche à s'écouler par le lit fluvial doit rompre la voûte de cristal et s'épancher à la surface, où elle se gèle aussitôt; et c'est ainsi, par les épanchements superficiels ou *naledi*, que l'eau solidifiée s'accumule à une hauteur de plusieurs mètres. De grandes rivières, très abondantes en été, cessent de couler en hiver, interrompues de distance en distance par les glaces qui reposent sur les bas-fonds; elles sont transformées en une succession de cuvettes cachées, sans communication les unes avec les autres; les habitants riverains des cours d'eau sont parfois obligés d'aller fort loin de leurs campements pour trouver de l'eau au-dessous de la couche dure qui la recouvre. Ainsi l'apport de tous les petits affluents, de tous les tributaires moyens manque aux grands fleuves. En d'autres rivières, l'eau s'est écoulée en entier, et la dalle de glace supérieure s'est effondrée au-dessus du lit vidé. Les voyageurs imprudents risquent de tomber dans des gouffres cachés, lorsqu'ils s'aventurent ainsi sur les voûtes des lits fluviaux. A l'exception des rivières qu'alimentent de grands lacs par des ruisseaux souterrains, toutes celles qui naissent au nord du cercle polaire doivent tarir complètement en hiver, puisqu'il ne sourd point de fontaines dans ces régions au sol toujours solidifié par les glaces. Ces rivières n'ont plus, proportionnellement à leur débit normal, qu'une très faible quantité d'eau, qui du reste n'a encore été mesurée par aucun voyageur. Lors de la fonte des neiges, les fleuves, après avoir brisé la carapace solide qui les recouvrait, emplissent entièrement leur lit et souvent s'étalent au loin par-dessus leurs berges : ils renaissent à la lumière, après avoir, pendant une moitié de l'année, coulé dans les ténèbres. Comme des êtres à demi paralysés,

qui renaissent soudain à la vie, les fleuves de Sibérie
recouvrent avec les chaleurs de l'été leur pleiné
liberté d'allures; ils redeviennent ce que les fleuves
des zones moins froides sont en toute saison les
artères du grand corps terrestre. »

La vie des animaux qui peuplent les eaux des
fleuves sibériens est naturellement soumise à des
conditions dont la rigueur est peu compatible avec
sa conservation. Aussi, chaque hiver, des multitudes
de poissons sont-ils détruits. « On raconte, dit encore
É. Reclus, que, durant l'hiver, l'eau du fond recouverte par l'épaisse glace « meurt » peu à peu; les
poissons ne peuvent plus vivre dans l'air graduellement corrompu de ces profondeurs. A la fin de
l'automne, dès que l'eau commence à s'altérer, ils
s'enfuient en multitudes pour aller, soit dans les lacs,
soit dans les bassins profonds des remous, soit dans
l'estuaire du fleuve. Pour capturer les poissons en
quantités considérables, il suffit alors de briser la
glace, au-dessus des endroits où l'eau est restée
« vivante » : tous les animaux enfermés se précipitent
vers l'issue afin de respirer l'air extérieur, et l'on peut
les prendre à la main. Aussitôt après la débâcle, les
poissons remontent le fleuve en bancs énormes et
vont chercher leur nourriture, comme en des viviers
naturels, dans les terrains bas des prairies ou des
forêts inondées : des clôtures établies entre le fleuve
et ces coulées latérales permettent aux riverains de
faire des pêches abondantes. Parfois c'est par myriades
que les pêcheurs pourraient recueillir les poissons :
lorsque, à la suite d'un retour de froid, l'eau gèle sur
le bord jusqu'au fond et qu'elle est ensuite recouverte
de nouveau par ce flot de crue, des glaçons immergés
se détachent tout à coup du lit fluvial et viennent
flotter à la surface, recouverts de la foule de poissons
qui nageaient dans le courant. Ainsi se forment

dé vastes banquises de chair vivante, qui bientôt
se putréfie et sert de nourriture aux oiseaux de
mer. »

VI

Le climat canadien.

« Les habitants de l'Europe tempérée sont tentés
de plaindre les Canadiens en pensant aux grandes
plaines blanches qui s'étendent, pendant plusieurs
mois d'hiver, des bords du Saint-Laurent à ceux de
la mer de Hudson et du lac Supérieur. Mais les Canadiens vantent au contraire leur saison de froidures
comme la plus belle partie de l'année. Du moins est-
ce la saison qui fait les hommes forts et sains, qui
leur donne la vitalité puissante, l'énergie, la gaieté.
C'est aussi la saison des plaisirs et des fêtes. La précipitation moyenne d'humidité n'étant pas très considérable dans le Canada, les neiges d'hiver ne tombent pas en surabondance; mais une fois tombées,
au commencement de l'hiver, en novembre, elles
restent sans fondre et durcissent peu à peu. Le soleil
brille pendant le jour; mais si la neige superficielle
se liquéfie aux endroits les plus exposés à la lumière,
elle gèle à nouveau sous le ciel étoilé. Grâce à la
couche protectrice, qui, dans les années normales,
se maintient pendant quatre mois ou quatre mois et
demi, les plantes sont à l'abri de la gelée et du
brusque dégel qui les menaceraient sous un climat
moins rude; la neige abrite même les maisons contre
l'excès du froid. Les gens des villes, vêtus de fourrures
et de lainages, s'amusent à construire des palais de
« cristal », à glisser du haut des « montagnes russes »,
à lancer leurs traîneaux à clochettes sur la glace des

fleuves, sur les « chemins d'hiver », ou même, loin
des routes, à travers les forêts; les campagnards se
visitent de village en village, et les défricheurs, les
bûcherons travaillent à l'abri des arbres. Parfois la
neige, épaisse d'un mètre en moyenne, est soulevée
par les bourrasques, et l'on voit alors les masses gri-
sâtres d'aiguilles ou de flocons tournoyer dans l'air et
s'entasser dans les endroits qui se trouvent à l'abri du
vent, fossés et revers de talus, routes et tranchées :
les attelages des traîneaux pris dans la tourmente,
sur les chemins « boulants », luttent en vain contre
les tourbillons de l'atmosphère et les monceaux de
neige; souvent les trains de chemins de fer, précédés
pourtant de plusieurs charrues à vapeur qui taraudent
leur voie, restent en détresse entre les parois blanches
et polies que les socs puissants ont dressées des deux
côtés. Mais nul spectacle n'est plus beau, par les
claires matinées d'hiver, que le poudrin ou la « pou-
drerie » s'élevant en fusées vaporeuses, comme des
danses d'esprits, sur le champ de neige tout pailleté
de cristaux étincelants. »

« Chaque année, dit Élisée Reclus dans son bel
ouvrage la Terre, une partie considérable de la Baltique se recouvre de glaces. Presque tout le golfe de
Bothnie et le pourtour entier des côtes du golfe de
Finlande se changent en une surface blanche et
immobile; les îles et les îlots s'enveloppent d'une
zone plus ou moins large de glaçons, et les détroits
d'une faible profondeur sont graduellement obstrués.
Tous les hivers, la Finlande est réunie à la Suède
par un pont de glace, que percent çà et là les innombrables rochers de l'archipel d'Aland. La couche
solide devient alors pour quelques mois la grande
route entre la Suède et la Russie. Comme les banquises polaires, elle a des amas de glaçons redressés,
pareils à des tourelles, à des pyramides, à des obé-

lisques érigés sur la mer; comme les banquises, elle
se détache des côtes pour descendre au sud avec le
courant, puis se brise avec fracas, se réduit en gla-

Fig. 46. — Chemin de fer établi pendant l'hiver sur les glaces
du Saint-Laurent.

çons épars, et quelques jours après le commencement de la fonte il n'en reste plus que de minces
débris jetés çà et là par les flots.

« Il paraît que durant les siècles modernes la mer
Baltique n'a jamais été recouverte en entier par un
champ de glace. Les chroniques nous apprennent
qu'en 1325 la partie méridionale du bassin gela complètement, et que pendant six semaines les voyageurs
se rendaient à cheval de Copenhague à Lubeck et à
Dantzig : on avait même élevé sur la glace des
hameaux temporaires au croisement des routes.
Durant les hivers de 1333, de 1349, de 1399 et de
1402, les mêmes phénomènes de congélation générale
eurent lieu dans la Baltique méridionale, et la couche
glacée y servit de grand chemin pour les échanges
entre la Poméranie, le Mecklenbourg, le Danemark
et ses îles. En 1408, le champ de glace fermait complètement l'entrée de la Baltique entre la Norvège et
le Jutland, et s'étendait par le Cattegat, les détroits
et la mer de Scanie jusqu'à la grande île de Gottland :
on dit même que les loups de la Norvège, chassés de
leurs forêts natales par la faim, traversèrent le Ska-
gerrack pour envahir les villages du Jutland. Depuis
cette époque, plusieurs parties de la Baltique méridionale se sont encore congelées; mais la surface
solide n'a jamais offert la même étendue ni la même
consistance. Ce fait semblerait prouver que la température moyenne s'est adoucie dans les contrées du
Nord depuis le xive siècle, tandis que le contraire
devrait avoir eu lieu, d'après l'hypothèse d'Adhémar.

« Chose remarquable! pendant quelques années
exceptionnelles, la mer Noire, librement ouverte à
tous les vents qui descendent des régions polaires,
est envahie par les glaces comme la Baltique elle-
même. Durant les siècles historiques, le détroit de
Constantinople et la nappe avoisinante du Pont-
Euxin ont été fréquemment recouverts de glace; ce
qui prouve que, pendant la période de congélation,
la température de cette partie de l'Orient était ana-

logue à celle de Copenhague. En 401 de l'ère actuelle, la mer Noire gela presque entièrement, et, lors de la débâcle, on vit d'énormes montagnes de glace flotter pendant trente jours sur la mer de Marmara. En 762, la couche solide qui recouvrait le Pont-Euxin s'étendait d'une rive à l'autre, des falaises terminales du Caucase aux bouches du Dniepr, du Dniestr et du Danube. En outre, disent les écrits du temps, la quantité de neige qui tomba sur la glace s'éleva jusqu'à la hauteur de 20 coudées (9 mètres ou 13 mètres [?]), et cacha complètement les contours du rivage : on ne savait où commençait le continent, où finissait la mer. Au mois de février, les débris de la couche de glace, emportés par le courant jusqu'à l'entrée de la mer Égée, se réunirent en une immense dalle entre Sestos et Abydos, au travers de l'Hellespont. »

CHAPITRE VII·

LA NEIGE ET LA GLACE DANS LES ZONES TROPICALES, ET DANS LES ZONES TEMPÉRÉES

I

La neige et la glace dans les zones tropicales.

Le seul énoncé de ce paragraphe ferait croire qu'il s'agit d'un paradoxe météorologique; l'hiver, tel du moins que nous le définissons dans nos climats tempérés, n'existant point dans les régions tropicales, il semble que ses produits habituels, la glace et la neige, n'y doivent jouer aucun rôle. La vérité est que dans toutes les régions comprises entre les tropiques, et même dans beaucoup d'autres contrées qui les dépassent au nord où au sud, on ne sait ce que c'est qu'une chute de neige : on ne connaît la glace que comme un objet de luxe, importé de loin, et servant à rafraîchir la boisson des rares privilégiés de la fortune.

Cela toutefois n'est vrai que pour les pays dont le sol n'a qu'une faible altitude. Là où de hautes montagnes dressent leurs pics, où des plateaux élevés dépassent certaines hauteurs, la précipitation des masses nuageuses sous forme de grésil ou de neige n'est pas rare, et des glaciers remplissent les vallées jusqu'à la limite où la température est trop forte pour laisser subsister la neige ou la glace à l'état solide. Entrons dans quelques détails à ce sujet.

Le continent africain appartient en grande partie à ces deux zones, et les saisons opposées ne s'y distinguent guère qu'en ce que l'une, la saison sèche, est caractérisée, comme son nom l'indique, par l'absence de pluies; l'autre ou l'*hivernage* est au contraire l'époque des pluies abondantes. Au nord, dans les montagnes de l'Atlas, la neige est assez fréquente et parfois on y subit de véritables hivers. Quant aux neiges permanentes, on ne les trouve que sur les rares pics dont l'altitude dépasse quelques kilomètres. Tel est, dans l'île de Ténériffe, le fameux pic de Teyde, et à l'opposé, dans l'Afrique orientale, les cimes volcaniques du Kenia et du Kilimandjaro qui dresse ses deux cônes neigeux à une hauteur de 5700 mètres au-dessus du niveau de la mer.

En Égypte, on a noté une particularité météorologique assez curieuse, qu'Élisée Reclus signale en ces termes :

« Au milieu des solitudes égyptiennes, dit-il, là où les rochers et les sables blancs laissent la chaleur du jour rayonner dans les espaces, il arrive souvent que la rosée gèle au matin; en se levant, le soleil, qui peu d'heures après aura donné au sol une température de plus de 20°, commence par fondre la légère couche de verglas qui recouvre le désert; même dans les pays de culture, les plantes gèlent parfois; M. Maspéro a recueilli un glaçon entre Edfou et Esneh. »

En Asie, c'est à une faible distance du tropique que l'Himalaya dresse ses pics toujours couverts de neige et que les immenses glaciers qui emplissent les vallées amènent leurs glaces au contact, pour ainsi dire, d'une flore tropicale. Mais partout dans le reste de la presqu'île hindoustanique, l'hiver, tel que nous le subissons avec ses froids rigoureux, ses gelées, ses neiges, est inconnu. Comme dans toutes les régions situées à peu de distance de l'équateur, c'est seulement sur les sommets les plus élevés que les vapeurs aqueuses se précipitent à l'état solide, et que les neiges et les glaces font leur apparition. Le même phénomène se retrouve dans les zones tropicales du continent américain, tout le long de l'arête montagneuse qui le traverse du nord au sud, sous le nom de Cordillère des Andes.

II

La neige et la glace dans les zones tempérées.

C'est entre les tropiques et les cercles polaires, ou mieux entre le 45º et le 60º parallèle, que les saisons présentent le plus de variété, soit au point de vue des changements de température, soit relativement aux autres éléments météorologiques. Au delà, vers les pôles, à de rares exceptions près, c'est le froid avec toutes ses conséquences de gelée, de chutes de neige, qui règne en maître tout au moins pendant la plus grande partie de l'année. En deçà, du côté de l'équateur, c'est l'extrême opposé : la chaleur domine, aussi bien dans la saison sèche que dans la saison des pluies ; les seules variations proviennent de la situation des contrées par rapport à l'Océan ; dans l'immensité de la plaine liquide règne pour ainsi dire en permanence un printemps éternel.

Entre ces deux extrêmes de la chaleur et du froid, les zones tempérées présentent tous les contrastes,

toutes les variétés de climat, et l'année s'y partage
en périodes alternativement chaudes et froides, sèches
et humides. Bien plus, les phénomènes changent
d'une année à l'autre, et tel pays, comme la France,
subit parfois la rigueur d'hivers sibériens, pour
retrouver ensuite dans les mêmes mois la douce température des contrées plus méridionales. Parfois la
terre y reste couverte d'une neige épaisse, qui dure,
sans fondre, des mois entiers, et les rivières et les
fleuves voient leurs eaux partiellement ou même
totalement envahies par les glaçons. Sans remonter
au delà des hivers de ce genre qui ont encore des
témoins vivants, on peut citer celui des années 1829-
1830; puis, plus près de nous, ceux de 1870-1871, de
1879-1880, et enfin l'hiver même qui vient de finir et
qui a été surtout remarquable par sa longue durée
comme par l'étendue des régions qu'il a si fortement
éprouvées. Le midi de la France, les côtes de Provence, d'Italie, d'Espagne, ces stations ordinairement
si favorisées du soleil, que les malades et les affaiblis
vont y passer les hivers pour y réparer leurs forces,
Hyères, Nice, Cannes, Menton, jusqu'à Naples, ont
été envahies par des bourrasques de neige tout à fait
inconnues pour elles. La rigueur du froid y a causé
des désastres considérables dans la végétation.

Mais ces hivers rigoureux sont une exception, ou
du moins ne reviennent qu'à des intervalles généralement assez longs, séparés, semble-t-il, par des
périodes dont on commence à entrevoir la loi. Voici,
à cet égard, quelques données que nous empruntons
au savant météorologiste qui a le plus fait pour la
détermination des périodes dont nous parlons. « On
a dit dans le public, écrivait récemment M. Renou
dans *la Nature* (14 fév. 1891), que les hivers reviennent tous les dix ans; ce prétendu retour n'a rien de
réel; ce qu'on peut dire, c'est qu'il ne se passe guère

plus de dix ans sans qu'on éprouve un hiver un peu plus rigoureux que d'ordinaire. La distribution des hivers est variable suivant une loi que j'ai fait connaître il y a trente ans : les hivers rigoureux reviennent par groupes de cinq ou six tous les quarante et un ans; pendant vingt ou vingt-deux ans on a des hivers rigoureux, où le froid atteint — 20° à — 26°, et pendant un nombre d'années égal on n'a que des hivers plus espacés, moins nombreux, pendant lesquels le thermomètre ne descend pas au-dessous de 12° ou 15°, ou un peu plus bas au milieu de froids de très peu de durée.

« Cette période de quarante et un ans n'est qu'approchée ou, pour mieux dire, elle comprend un nombre d'années, plus une fraction, de manière qu'après quelques périodes leur retour éprouve une perturbation. J'ai reconnu qu'il ne paraît pas se passer plus de trois périodes sans perturbation, que les périodes de 1789, 1830, 1871 étaient normales; la période suivante, dont le milieu tombe en 1912, sera troublée.

« J'ai fait connaître cette loi en 1861, il y a trente ans, et annoncé un grand hiver pour 1871 et un dernier en 1880 ou 1882; après quoi on aurait une perturbation qui amènerait des hivers irréguliers; nous sommes précisément actuellement dans cette série troublée. »

Avant qu'on puisse émettre une opinion un peu fondée sur les causes de cette périodicité, il est clair qu'il faudra prolonger les observations, de manière à formuler la loi entrevue avec une précision plus grande. Toutefois, dès maintenant, on peut répondre à ceux qui croient que nos saisons ne sont plus aussi régulières qu'elles l'étaient autrefois, que c'est là une illusion due à ce fait que la vie de chacun de nous n'embrasse qu'un intervalle insuffisant pour que nous

soyons en droit de rien conclure de nos souvenirs,
d'autant plus que ces souvenirs sont généralement
très vagues et ne consistent souvent qu'en impressions. Or les impressions varient essentiellement
avec l'âge, et les vieillards aiment à se représenter
l'époque de leur jeune âge comme une époque pri-
vilégiée, où tout allait bien mieux qu'aujourd'hui.
Chacun de nous, pour soi ou pour ceux qui l'entourent, est à même d'observer ces phénomènes psycho-
logiques.

III

Notre climat change-t-il?

Toutes les fois que des circonstances exceptionnelles amènent une saison dont l'allure météorologique contraste avec la régularité que l'on suppose,
bien à tort, constituer la saison normale, par exemple
un hiver excessivement long et rigoureux, un été très
sec et très chaud, ou au contraire froid et humide,
on peut être sûr de voir agiter la question d'un changement de climat, pour la région où de tels phénomènes ont été observés. C'est ainsi que le long et
rigoureux hiver de 1890-1891 a fait dire que notre
climat européen se refroidit; on a été jusqu'à imaginer que ce refroidissement est le prélude probable
d'une nouvelle période glaciaire, analogue à celle
qui, il y a quelques cent mille années, envahissait
tout l'hémisphère nord de la Terre, recouvert d'une
calotte continue de glaciers. Nous serions en train de
revenir à l'état où se trouve actuellement le Groenland et plusieurs autres terres de l'océan Glacial.

Nous ne croyons pas que rien autorise le bien
fondé de cette prédiction, qui n'est qu'une pure hypo-

thèse. Mais, pour montrer combien il faut être
réservé dans des questions de ce genre, nous ne
croyons pouvoir mieux faire que de reproduire ici
les réflexions que faisait l'illustre François Arago sur
le même sujet, il y a soixante-cinq ans; elles sont
extraites de l'*Annuaire du Bureau des Longitudes
pour 1826*, et précèdent une série de citations em-
pruntées aux anciens historiens, dont nous nous
bornerons à donner les plus saillantes :

« La recherche des modifications de diverses
natures qu'a éprouvées la Terre dans la suite des
siècles, est une des questions les plus curieuses de la
philosophie naturelle. Nous donnerons, dans une
autre circonstance, l'analyse des travaux récents
qu'ont publiés les géomètres sur celles de ces modifications qui concernent la température du globe
considéré en masse. Je me bornerai, dans cet article,
à examiner si l'opinion, assez généralement admise,
que, sous chaque latitude, le climat, à la surface,
s'est détérioré, repose sur quelque fondement solide.

« L'invention des thermomètres ne remonte guère
qu'à l'année 1590 ; on doit même ajouter qu'avant
1700 ces instruments n'étaient ni exacts, ni comparables. Il est donc impossible de déterminer avec
précision, pour aucun lieu de la Terre, quelle était
sa température à des époques très reculées. Mais
quand on voudra se borner à des limites, rechercher
seulement, par exemple, si maintenant les hivers
sont plus ou moins rigoureux que par le passé, on
pourra suppléer aux observations directes en prenant dans divers auteurs les passages relatifs à plusieurs phénomènes naturels, tels que la congélation
des rivières, des fleuves, des mers, etc. Le petit nombre de citations de ce genre que je réunis ici prou-
vera, je pense, même en faisant la part de l'exagéra-
tion si naturelle aux anciens historiens, qu'en Europe

en général, et dans la France en particulier; les hivers, il y a quelques siècles, étaient au moins aussi rudes qu'à présent.

« Ier siècle avant notre ère. — A l'embouchure du Palus-Méotide (la mer d'Azov), les gelées sont si fortes, qu'en hiver un des généraux de Mithridate y défit la cavalerie des barbares, précisément à l'endroit où en été ils furent vaincus dans un combat naval.

« 400 après J.-C. — La mer Noire gela entièrement. Le Rhône fut pris dans toute sa largeur (ce dernier phénomène est l'indice d'une température de 18° centigrades au moins au-dessous de 0).

« 462. — L'armée de Théodemer traversa le Danube sur la glace. Le Var se gela (— 10 ou — 12°).

« 822. — Des charrettes, pesamment chargées, traversèrent sur la glace le Danube, l'Elbe et la Seine durant plus d'un mois. Le Rhône, le Pô, l'Adriatique et plusieurs ports de la Méditerranée gelèrent (— 20° au moins à Venise).

« 1133. — Le Pô était pris depuis Crémone jusqu'à la mer; on traversait le Rhône sur la glace; le vin gela dans les caves (au moins — 18°).

« 1234. — Le Pô et le Rhône gèlent de nouveau; des voitures chargées traversent l'Adriatique sur la glace en face de Venise (— 20°).

« 1292. — Des voitures chargées traversent le Rhin sur la glace devant Breysach. Le Cattegat était aussi totalement pris.

« 1306. — Le Rhône et toutes les rivières de France gèlent.

« 1334. — Tous les fleuves d'Italie et de France gèlent.

« 1358. — Dix brasses de neige à Bologne en Italie.

« 1408. — Le Danube gèle dans tout son cours. La glace s'étend sans interruption de la Norvège jusqu'en Danemark. Les voitures traversaient la Seine sur la glace.

« 1434. — La gelée commença à Paris le dernier de décembre 1433, et continua pendant trois mois neuf jours; elle recommença vers la fin de mars et dura jusqu'au 17 avril. Cette même année, il neigea en Hollande pendant quarante jours de suite.

« 1460. — Le Danube reste gelé pendant deux mois.

« 1468. — En Flandre, on coupe avec la hache la ration de vin des soldats.

« 1570-1571. — De la fin de novembre 1570 à la fin de février 1571, hiver si rude que les rivières, même celles du Languedoc et de la Provence, étaient gelées de manière à porter les charrettes chargées.

« 1655-1656. — La Seine fut prise du 6 au 18 décembre. Il gela ensuite, sans interruption, du 29 décembre jusqu'au 28 janvier.

« 1656. — Une nouvelle gelée reprit peu de jours après et dura jusqu'en mars.

« 1657-1658. — Gelée non interrompue à Paris depuis le 24 décembre 1657 jusqu'au 8 février 1658. Entre le 24 décembre et le 20 janvier, la gelée fut modérée, mais ensuite le froid acquit une intensité extrême. La Seine était entièrement prise. Le dégel du 8 février ne dura pas; le froid reprit le 11 et dura jusqu'au 18.

« 1662-1663. — La gelée dura à Paris depuis le 5 décembre 1662 jusqu'au 8 mars 1663.

« 1709. — L'Adriatique et la Méditerranée, à Gênes, à Marseille, à Cette, etc., sont gelées (— 18°).

« 1716. — La Tamise gèle à Londres; on y établit un grand nombre de boutiques.

« 1726. — On passe en traîneau de Copenhague en Suède.

« 1740. — La Tamise, à Londres, est de nouveau totalement prise. »

Nous avons abrégé les citations d'Arago; ce que nous en donnons suffit, croyons-nous, pour prouver que ni sous le rapport de la durée, ni sous celui de la rigueur du froid, les hivers d'autrefois ne le cédaient à ceux d'aujourd'hui. Il ne faut donc pas conclure, comme on le fait un peu à la légère, de ce que nous traversons une période un peu rigoureuse, que notre climat se refroidit. Il est aujourd'hui ce qu'il a été depuis vingt siècles au moins; soumis à des alternatives qui le font osciller autour d'une moyenne probablement invariable, il nous semble tantôt modéré et régulier, tantôt rigoureux et troublé, selon que nous nous trouvons dans une période à température maxima, ou dans une période à température minima.

S'il change réellement, ce qui n'est pas impossible, il paraît probable que c'est avec une grande lenteur, et il faudra, sans aucun doute, accumuler des siècles d'observations avant d'en apercevoir la loi. Quant à savoir si nous sommes menacés d'une nouvelle époque glaciaire, c'est encore bien autrement problématique. Nous sommes séparés de la dernière époque de ce genre par d'innombrables siècles, certainement par quelques centaines de milliers d'années : c'est l'opinion de tous les géologues. Rien, dans les glaciers actuels qui tantôt avancent et tantôt reculent, ne fait craindre un retour prochain d'un envahissement général. Des milliers de siècles aussi nous séparent donc probablement d'une catastrophe de ce genre dans l'avenir.

DEUXIÈME PARTIE

LES GLACIERS

CHAPITRE I

DESCRIPTION GÉNÉRALE DES GLACIERS

I

Les neiges persistantes. — Les avalanches. Les glaciers.

La basse température qui règne dans les hautes régions de l'atmosphère, au-dessus des chaînes de montagnes dont l'altitude dépasse 2500 à 3000 mètres, donne lieu à d'abondantes chutes de neige qui blanchissent les sommets d'une couche persistante, même au milieu des chaleurs de l'été. Quand on contemple de loin les crêtes d'une chaîne élevée, des Pyrénées, des Alpes, des Cordillères, toutes les cimes se distinguent de leur base par leur éclatante blancheur, qui se termine par une ligne horizontale de séparation nettement tranchée. Au-dessous de cette ligne, par un contraste saisissant, s'étendent les masses relativement sombres, grises ou verdâtres,

des roches nues ou des prairies et des forêts qui
tapissent les flancs des monts. En été, cette ligne
remonte; en hiver, elle peut descendre jusque dans
les vallées; c'est la plus élevée des positions de la
ligne estivale qui forme ce que l'on nomme la
limite des neiges éternelles, *perpétuelles*, ou plus justement des *neiges persistantes*. Elle oscille légèrement avec les années, pour une même chaîne de
montagnes; mais son altitude varie très notablement
d'une chaîne à l'autre, s'élevant de plus en plus à
mesure qu'on approche de l'équateur, s'abaissant au
contraire en allant vers les pôles. Dans les Alpes, la
limite des neiges persistantes est comprise entre
2700 et 3000 mètres; elle s'élève à 4800 mètres dans
les Andes équatoriales, pour s'abaisser au niveau de
la mer dans les régions polaires arctiques.

Chaque année, de nouvelles chutes de neige viennent recouvrir les régions montagneuses dont l'altitude dépasse la limite des neiges persistantes. En
moyenne, il tombe ainsi annuellement sur les Alpes
une épaisseur de neige de 10 mètres. Il résulte de là
qu'une couche équivalente doit disparaître de leurs
sommets : sans cela, les pics et les arêtes iraient en
croissant graduellement de hauteur. En supposant
que le tassement réduise l'accroissement en question
à 1 mètre par année, ce qui est manifestement exagéré, on verrait croître le mont Blanc, par exemple,
de 100 mètres par siècle, de 1000 mètres en un milliers d'années. En réalité, l'évaporation, le glissement
sur les pentes, la fusion sous l'influence directe du
rayonnement solaire, enfin l'action des vents qui
emporte des sommets et projette au loin des tourbillons de neige, sont autant de causes de la destruction continue des couches neigeuses recouvrant les
Alpes et toutes les chaînes similaires. Comme ces
causes agissent avec une intensité variable suivant

les années et les saisons, et aussi suivant les climats,
on comprend que l'équivalence entre la quantité de
neige disparue et la quantité de neige renouvelée
subisse elle-même des oscillations. Des considéra-
tions du même ordre expliquent pareillement des
faits d'observation en apparence anormaux ; pourquoi, par exemple, la limite des neiges persistantes
est de 5000 mètres dans les Andes péruviennes,
tandis qu'elle n'est que de 4800 mètres dans les
Andes équatoriales ; pourquoi cette même limite est
seulement de 4900 mètres sur les pentes méridionales de l'Himalaya, tandis qu'elle s'élève à 5250 mètres sur les pentes du nord de la même chaine.

« Il est très difficile ou même impossible, dit
É. Reclus, de fixer l'altitude au-dessus de laquelle on
aperçoit toujours des couches de neige sur les divers
massifs de montagnes. Cette limite varie suivant
l'exposition et l'inclinaison des pentes, la nature et la
couleur des roches, la force et la direction moyenne
des vents, l'abondance des neiges tombées et tous
les divers phénomènes météorologiques du milieu
dans lequel plongent les cimes. C'est donc seulement
d'une manière approximative et tout à fait générale
que l'on peut indiquer la hauteur de cette ligne indé-
cise oscillant d'année en année et de siècle en siècle
sous l'influence combinée de la chaleur solaire et des
agents atmosphériques. D'après les frères Schlagintweit, la limite des neiges dites perpétuelles oscille-
rait pour les Alpes centrales entre 2730 et 2800 mètres d'altitude, et pour le massif du mont Blanc entre
2860 et 3100 mètres. Cependant il est certain qu'en
septembre 1842 un voisin de la Jungfrau, l'Ewigs-
schneehorn, dont le nom allemand signifie Pic des
Neiges éternelles, n'offrait sur toutes ses pentes que
le sol nu. De même, en 1860 et en 1862, les cimes
des Alpes ne présentaient que des taches de neige

partielles, et les touristes pouvaient franchir la
Strahleck à 3351 mètres de hauteur sans marcher
un seul instant sur la neige fraîche ou durcie. En
1855, Sonklar ne vit pas trace de neige sur le Han-
gerer, montagne des Alpes d'Autriche, qui se dresse
à 3019 mètres d'altitude. De même, dans l'automne
de 1859, le sommet du Chaberton (3138 mètres), près
du mont Genèvre, était complètement à découvert.
Quant aux Pyrénées, où la limite des neiges persistantes serait de 2730 à 2800 mètres, il est certain
que le mont Calm, qui s'élève à 3079 mètres de hauteur, se termine par une espèce de plateau souvent
débarrassé de neiges pendant la saison des chaleurs
et parsemé de touffes de gazon. Sur le versant espa-
gnol, on ne trouve guère plus que le roc vers le
milieu d'août, si ce n'est dans les cavités profondes
où le vent du sud ne pénètre point. La zone blanche
idéale dont les géographes recouvrent les grandes
cimes pyrénéennes n'existe pas d'une manière absolument permanente.

« On peut en affirmer autant pour un grand
nombre d'autres chaînes de montagnes que l'habitude
faisait énumérer souvent comme étant couronnées de
neiges éternelles. Aussi la ligne idéale tracée dans la
plupart des atlas pour délimiter la zone neigeuse sur
le profil des monts ne peut-elle avoir qu'une valeur
approximative. D'après Durocher, la ligne des neiges
persistantes, passant à 4795 mètres sur les flancs des
Andes équatoriales, serait seulement de 215 mètres
plus basse sur les grands monts du Mexique, le Po-
pocatepetl et l'Orizaba. Phénomène bien plus étonnant
encore : dans l'hémisphère méridional, au sud des
Andes péruviennes, cette ligne cesse de s'abaisser et
se relève même jusqu'à plus de 5000 mètres d'altitude. Sur les plateaux des Andes argentines et chi-
liennes, entre 22 et 23 degrés de latitude sud, où la

température est naturellement beaucoup plus basse
que dans les régions correspondantes de l'équateur,
la limite moyenne des neiges est plus élevée, ce qui
tient sans doute à la grande sécheresse des vents.
Ainsi les voyageurs ont vu se nettoyer complètement
de neige les pentes de la Cordillère de Mendoza,
sous le 33ᵉ degré de latitude, jusqu'à la hauteur de
4000 mètres; à 4 degrés plus au nord, on ne voyait
briller aucune surface blanche sur la Sierra Fama-
tina, à 4500 mètres; sous le tropique du Capricorne,
la Sierra de Zenta, dont les cimes se dressent à
5000 mètres au-dessus du niveau de la mer, ne se
recouvre que très rarement de neige, même pendant
l'hiver, et les couches de flocons apportées par les
nuages se fondent aussitôt. Enfin, d'après Pentland,
les versants occidentaux des Andes boliviennes, où
ne soufflent que bien rarement les vents humides,
n'offrent de neiges persistantes qu'à 5600 mètres d'altitude. D'ordinaire, l'humidité tombée s'évapore sans
donner naissance au moindre filet d'eau, ou même
sans mouiller le sol. Vers le milieu du jour, on
aperçoit au loin des nuages s'élevant du haut des
montagnes comme des fusées et se perdant à d'immenses hauteurs dans le profond azur : ce sont les
neiges de la veille qui remontent en vapeurs dans
l'atmosphère.

« C'est aussi à l'inégale répartition des pluies qu'il
faut attribuer l'étonnant contraste offert par la limite
inférieure des neiges entre les pentes septentrionales
et le versant méridional des chaînes de montagnes du
centre de l'Asie. Le climat est naturellement beaucoup plus rigoureux au nord de l'Himalaya que dans
les vallées tournées au sud, et cependant les neiges y
descendent beaucoup moins bas. Le contraste est si
frappant, que tous les voyageurs l'ont remarqué, et
même en ont exagéré l'importance jusqu'aux récentes

explorations faites par les frères Schlagintweit. D'après le botaniste Stooker, la limite des neiges persistantes passerait en moyenne à 4250 mètres sur les flancs méridionaux de l'Himalaya, et sur le versant opposé remonterait à 5666 mètres d'altitude, en sorte que précisément le côté le plus froid se serait trouvé dégagé de neiges à 1400 mètres plus haut que les déclivités opposées au brûlant soleil de l'Hindoustan. Les observations comparées des frères Schlagintweit [1]

1. Voici, d'après le Mémoire publié par Robert de Schlagintweit sur la haute Asie, ce que les trois illustres explorateurs ont constaté sur cette question de la limite inférieure des neiges dans cette région :

« Dans l'Himalaya, versant du sud, cette limite se trouve généralement à une hauteur moyenne de 16 200 pieds; sur le versant nord, son altitude moyenne est de 17 400 pieds. Dans le Karakorum, les neiges les plus basses se tiennent sur le versant du midi à 19 400 pieds, sur le versant du nord, regardant les plateaux du Turkestan, à 18 600. Dans le Kouen-Lun, les dernières neiges descendent, au sud, à 15 800 pieds, au nord, où elles font face aux plaines du Turkestan chinois, à 15 100 pieds.

« Ces différents chiffres sont les moyennes des trois chaînes prises dans toute leur longueur; mais, en somme, je ferai observer que, dans chacune des chaînes, la partie centrale est celle où la ligne des neiges atteint sa plus grande altitude, tandis qu'elle s'abaisse sensiblement aux deux extrémités, tant à l'est qu'à l'ouest. Il est inutile d'ajouter que cette même ligne remonte à de grandes hauteurs sur les pics à pentes raides, où la neige ne trouve que difficilement des points d'appui. Ainsi on rencontre dans le Thibet des sommités dénudées et vierges de toute particule neigeuse, même à des altitudes de 20 000 pieds....

« Comme contraste à l'extrême hauteur de la limite des neiges éternelles, on a vu neiger dans l'Himalaya à la minime altitude de 800 mètres, mais c'est là un fait rare, qu'on n'a sûrement constaté que deux fois, en 1817 et en 1847. A 5000 pieds, il n'y a guère, sur dix années, une année sans neiges, mais la neige ne reste que quelques jours, quelquefois même fond au bout de quelques heures. « Il neige, mais on « ne le voit pas », disent très bien les habitants de Kathmandou, la capitale du Népaul (4354 pieds d'altitude); la neige tombée

ont considérablement réduit cet énorme écart entre les deux versants. Ces voyageurs ont trouvé respectivement pour les pentes du sud et pour celles du nord les moyennes de 4892 et de 5254 mètres, ce qui réduit à 362 mètres la différence totale; mais, suivant les régions, le contraste peut être bien plus considérable, car, dans le Thibet on voit même à des altitudes de plus de 6000 mètres, plusieurs montagnes complètement dépourvues de toute particule neigeuse. Naguère on attribuait, avec Humboldt, cette grande hauteur de la limite des neiges sur le versant septentrional de l'Himalaya à la réverbération des rayons solaires sur les plateaux de l'Asie centrale; mais, en démontrant que le Thibet est réellement une large vallée de montagnes et non pas un plateau, les frères Schlagintweit ont mis hors de doute que ce contraste des pentes neigeuses doit être cherché dans le régime des vents. Au nord, les masses d'air qui viennent frapper l'Himalaya, après avoir parcouru toute l'Asie centrale, sont complètement desséchées; au sud, les moussons qui se précipitent en orage dans les gorges du Népaul et du Sikkim sont chargées d'un énorme fardeau d'humidité, tombant en neiges sur les hautes cimes, en pluies dans les vallées inférieures.

« Sur les chaînes de montagnes qui se prolongent au nord de l'Himalaya, la limite moyenne des neiges persistantes s'abaisse d'une manière normale du sud

pendant la nuit en flocons isolés y disparaît aux premiers rayons du soleil.

« La hauteur moyenne du Thibet, du Karakorum et du Kouen-Lun est telle, qu'on n'y trouve aucun point situé plus bas que la ligne de chute annuelle des neiges; mais la quantité de celles qui tombent dans ces trois régions est si minime, que les cols même s'y peuvent franchir en hiver, et l'hiver est souvent la seule saison où l'humidité de l'air soit assez grande pour se transformer en pluies ou en neiges. »

au nord. Dans le Karakorum, où cette ligne idéale est plus relevée que dans l'Himalaya, à cause de la grande sécheresse de l'air, les altitudes respectives sont pour la pente méridionale de 5860 mètres, et pour la pente septentrionale 5620 mètres; dans le Kouen-Lun, elles sont, au sud, de 4770 et de 4560 mètres au nord. Les observations manquent pour les autres chaînes de l'Asie centrale, si ce n'est pour l'Altaï, où la hauteur de la limite des neiges persistantes serait en moyenne de 2144 mètres.

« D'ordinaire on admet que vers le 75e degré de latitude nord cette limite coïncide avec le niveau de la mer; mais, ainsi que l'a démontré Richardson, on n'a pas encore découvert de régions arctiques revêtues au plus fort de l'été d'une couche permanente de neiges, et très probablement il n'en existe pas. Pour ces contrées polaires, comme pour la plupart des zones tempérées, l'expression de neiges éternelles devrait donc être rayée du dictionnaire scientifique. »

II

Les avalanches.

Avant d'arriver au sujet principal de ce chapitre, mentionnons un phénomène curieux et quelquefois terrible qui est la conséquence des énormes accumulations de neige sur les flancs escarpés des montagnes. Nous voulons parler des avalanches.

On donne dans les Alpes le nom d'*avalanches* — en certains cantons on dit *lavenches* — à la précipitation subite d'une masse neigeuse que les chutes fréquentes de neige accumulent progressivement sur les sommets, dans les endroits où la déclivité du sol n'est ni trop accentuée, ni trop faible. Dans le premier cas, la neige ne tient pas, ou se disperse à la moindre brise; dans le second cas, elle séjourne ou donne lieu au phénomène des glaciers. Les avalanches sont donc un des procédés par lesquels les monts se débarrassent chaque année de l'excédent des neiges que laissent la fusion et l'évaporation de chaque jour.

Pour donner une idée de cet autre mode de disparition de la neige des hauts sommets, citons la page suivante du bel ouvrage d'Élisée Reclus, *la Terre*, t. I : « La plupart des chutes de neige se produisent avec une grande régularité, si bien que le vieux montagnard, habile à discerner les signes du temps, peut souvent annoncer, à la vue des surfaces neigeuses, à quelle heure précise aura lieu l'écroulement. Le chemin des avalanches est tout tracé sur le flanc des montagnes. A l'issue des larges cirques d'érosion dans lesquels s'accumulent les neiges de l'hiver, s'ouvrent des couloirs creusés dans l'épaisseur du roc. Comparables à des torrents qui se montreraient un instant pour disparaître tout à coup, les amas neigeux qui se détachent des pentes supérieures se précipitent dans les lits inclinés que leur offrent les couloirs, descendent en longues traînées, puis, arrivés au déversoir de leur étroit ravin, s'épanchent sur de larges talus de débris. La plupart des monts sont ainsi rayés sur tout leur pourtour de sillons verticaux où les avalanches s'engouffrent au printemps. Ces masses croulantes sont de véritables affluents temporaires des torrents qui passent en bas dans les gorges : au lieu de couler d'une manière continue comme le filet d'eau des cascades, elles plongent en une fois ou par une succession de chutes.

« Sur les pentes dont l'inclinaison dépasse 50 degrés, les neiges ne descendent pas seulement par les couloirs ouverts çà et là sur les flancs de la montagne;

elles glissent aussi en masse sur les escarpements;
plus ou moins rapides dans leur marché graduelle,
elles se tassent d'abord contre les obstacles, s'accumulent dans les parties les moins déclives, puis,
lorsqu'elles sont animées d'une assez grande force
d'impulsion, s'écroulent enfin avec fracas et se précipitent dans les profondeurs des gorges. Les allures
de chaque avalanche varient d'ailleurs nécessairement suivant la forme même de la montagne. Sur
les escarpements coupés de parois à pic, les neiges
des terrasses supérieures, poussées lentement par la
pression des masses plus élevées, plongent directement dans les abîmes qui s'ouvrent au-dessous. Au
printemps et en été, alors que les blanches assises,
ramollies par la chaleur, se détachent d'heure en
heure des hautes cimes des Alpes, le gravisseur,
arrêté sur quelque promontoire voisin, contemple
avec admiration ces cataractes soudaines qui se précipitent dans les gorges du haut des sommets écla-
tants. Combien de milliers et de milliers de voyageurs, assis sur les pelouses de la Wengernalp, ont
salué de leurs cris de joie les avalanches qui s'écroulent à la base des pyramides argentées de la Jungfrau! On voit d'abord l'énorme couche de neige
s'élancer en cataracte et s'abîmer sur les degrés
inférieurs : des tourbillons de neige poudreuse, semblables à une fumée, s'élèvent au loin dans l'atmosphère; puis, quand le nuage s'est dissipé, et que
l'espace est rentré dans sa paix solennelle, on entend
soudain le tonnerre de l'avalanche se prolongeant en
sourds échos dans les anfractuosités des gorges : on
dirait la voix de la montagne elle-même.

« Tous ces écroulements de la neige sont, dans
l'économie des monts, des phénomènes non moins
réguliers et normaux que l'écoulement des pluies
dans les rivières, et font partie du système général

Fig. 47. — Une avalanche dans les Alpes.

de la circulation des eaux dans chaque bassin. Mais par suite de la surabondance des neiges, d'une fonte trop rapide ou de toute autre cause météorologique, certaines avalanches exceptionnelles, analogues aux inondations des rivières débordées, produisent des effets désastreux en ravageant les cultures des pentes inférieures, ou même en engloutissant des villages entiers. Ces catastrophes sont, avec les chutes de rochers, les plus redoutables événements de la vie des montagnes. »

C'est principalement au printemps, alors que les rayons solaires, prenant de la force, déterminent la fusion des neiges alpestres, ou quand le fœhn, descendant des sommets, reprend la chaleur qu'il avait cédée par son ascension sur le versant opposé, c'est, en un mot, à l'époque où les eaux provenant de la fusion s'infiltrent au-dessous des masses de neige et les minent, que se produisent les avalanches les plus dangereuses, celles auxquelles les montagnards donnent le nom d'*avalanches de fond*. La couche épaisse de neige minée de la sorte et ne tenant plus à la roche sous-jacente glisse par son poids sur le plan incliné qui la retenait, et, avec une vitesse croissante, va se précipiter dans la vallée.

Parfois la neige est arrêtée par un obstacle au bord d'un précipice qu'elle surplombe quelque temps, jusqu'à ce que, l'accumulation continuant, l'obstacle cède sous le poids de la masse. Dans l'état d'équilibre instable où se trouve la masse neigeuse surplombante, il suffit souvent d'un faible ébranlement de l'air, du choc d'une pierre, d'une détonation d'arme à feu, pour en déterminer la chute. Aussi, dans les passages dangereux, dans les couloirs où les avalanches sont fréquentes, les guides recommandent-ils le silence aux touristes.

Les *avalanches de sommets*, dans les cirques, sont naturellement moins dangereuses que les précédentes; cependant les explorateurs ont à se défier des chutes de blocs de glace qui constituent une autre sorte d'avalanches.

En hiver, le froid rend la neige pulvérulente, et lorsqu'elle descend des sommets, c'est lorsque les tourmentes la poussent en tourbillons : on a alors les *avalanches poudreuses*, qui, à vrai dire, n'en sont pas, bien qu'il soit souvent périlleux de les affronter.

Par leur chute dans les vallées, les avalanches causent souvent de vrais désastres; elles broient, détruisent ou ensevelissent tout sur leur passage, les êtres vivants, hommes et animaux, les arbres, les maisons, etc. Les villages, menacés par ces catastrophes, s'en préservent par des plantations de pieux, des murailles de rochers, ou mieux par des bois de pins, lorsqu'il en existe en amont de leurs habitations. L'air est si violemment ébranlé par la chute de certaines avalanches qu'on a vu les ruines s'accumuler à une distance considérable du parcours suivi par la masse neigeuse.

III

Description générale des glaciers.

Arrivons maintenant aux *glaciers*.

Tout le monde sait qu'on nomme ainsi d'énormes masses de neige congelée et de glace, qui, partant des hauteurs des neiges persistantes, suivent les dépressions des vallées latérales creusées dans les flancs des montagnes, pour se terminer, après un parcours plus ou moins long, par un escarpement généralement abrupt, en un point qu'on nomme le *front du glacier*. Là, les eaux de fusion qui proviennent soit de la surface, soit de la partie inférieure du

glacier, se réunissent le plus souvent en un ruisseau
qui sort d'une cavité en forme d'arche, aux magnifiques voûtes d'un blanc bleuâtre constituées par
d'énormes blocs de glace. Telle était encore, il y a

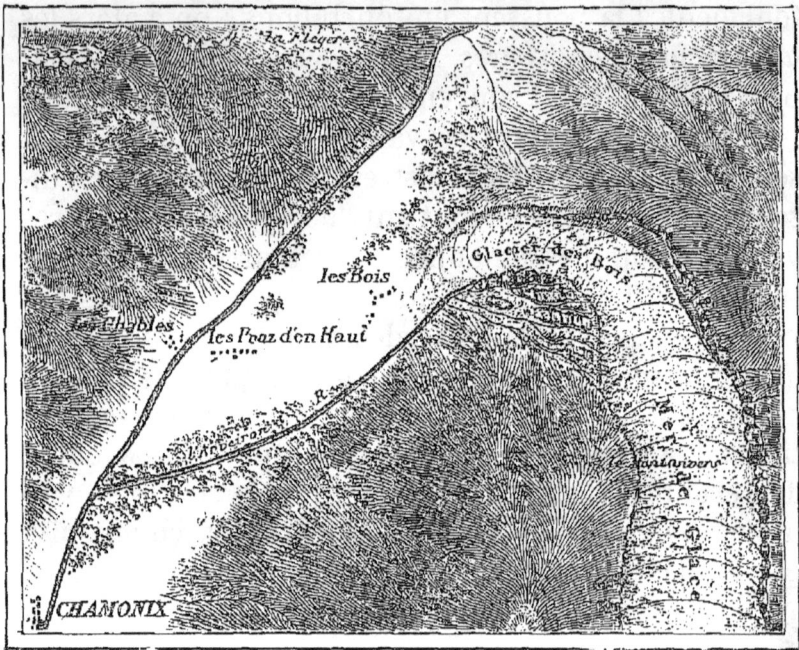

Fig. 48. — Source de l'Arveiron au front de la Mer de Glace.

une trentaine d'années, la source de l'Arveiron, à
laquelle donnaient naissance les glaciers réunis du
Géant, du Léchaud, du Talèfre et devenus la Mer de
Glace, à leur terminaison commune dans la vallée de
Chamounix [1].

Des champs de neige où ils prennent naissance,
dans la région et à l'altitude des neiges perpétuelles,
les glaciers descendent en suivant tous les contours,

1. Le recul du glacier a fait disparaître cette intéressante
grotte, où l'on pouvait, en y pénétrant avec précaution, admirer
un curieux spécimen de l'architecture cristalline des glaciers.

toutes les sinuosités de la vallée qu'ils emplissent,
s'élargissant quand elle s'élargit, se resserrant quand
elle se rétrécit, et recevant comme autant d'affluents
les glaciers moins importants des vallées secondaires
débouchant dans la vallée principale. Quelquefois
deux glaciers d'importance égale se réunissent en
une seule masse qui continue son cours jusqu'au
front commun. Les dimensions de ces masses, en
longueur, en largeur, en épaisseur, sont extrême-
ment variables d'un glacier à l'autre, même parmi
ceux qui appartiennent à la même chaîne [1]. Quant
à la hauteur du point d'arrivée au-dessus du niveau
de la mer, elle n'est pas moins variable. Certains
glaciers, ordinairement les plus faibles, ne descendent pas jusque dans les vallées inférieures : ce sont
les *glaciers de sommets*. Dans les Alpes, la moyenne
altitude des fronts des glaciers dépasse 2000 mètres ;
ils descendent donc à 500 ou 600 mètres au plus au-
dessous de la ligne des neiges persistantes. Mais les
plus considérables se terminent à 1000 ou 1100 mètres
au-dessus du niveau de la mer : telle est la Mer

---

1. Citons quelques nombres. Les principaux glaciers du
massif des Alpes ont des longueurs comprises entre 5 ou 6 et
24 kilomètres, des largeurs qui atteignent jusqu'à 2 kilomètres. La Mer de Glace s'étend sur 15 kilomètres de long,
1000 à 1200 mètres de large ; le Gorner a également un développement de 15 kilomètres ; le glacier d'Aletsch ne mesure
pas moins de 24 kilomètres, sur une longueur de 1500 à
2000 mètres. Dans l'Himalaya, un glacier, le Biafo, atteint
58 kilomètres. Mais c'est dans les régions polaires arctiques
qu'on trouve les plus vastes champs de glace. Le glacier de
Humboldt, au nord de la baie de Baffin, débouche dans la
mer par un front qui ne mesure pas moins de 111 kilomètres.
Le plus considérable des glaciers connus, paraît-il, est celui
qu'a découvert le docteur américain Hayes, au sud de
Goodhaab. De l'Eisblink, d'où part cette prodigieuse masse,
elle s'avance à 60 kilomètres de distance, jusqu'au milieu de
la mer, où son extrémité inférieure forme un cap de 22 kilomètres.

de Glace, à 1125 mètres; tel le glacier des Bossons,
à 1100 mètres. Tandis que le front du glacier de
l'Aar ne s'abaisse pas au-dessous de 1860 mètres,
que celui d'Alêtsch est encore à 1566 mètres d'altitude, le glacier de Grindelwald ne dépasse guère
1000 mètres (1082 m.). Les glaciers des Pyrénées
sont presque tous des glaciers de sommets. Il en est
de même des rares glaciers des zones tropicales.
Au contraire, quand on s'avance dans les hautes
latitudes, on trouve des glaciers dont le pied ne
s'élève que fort peu au-dessus de la mer. Tels sont
ceux des Alpes scandinaves; au Spitzberg, au Groenland, c'est au niveau même de l'Océan que viennent déboucher les gigantesques masses glaciaires
qui recouvrent presque entièrement le sol de ces
régions désolées.

Rarement la surface d'un glacier est unie; le plus
souvent elle est sillonnée d'aspérités, de fentes ou de
crevasses, tantôt transversales, tantôt longitudinales,
tantôt enfin obliques à la direction de l'axe du
glacier. En outre, des amas considérables de pierres,
de blocs de rochers parfois énormes, sont entassés
en longues traînées, soit sur les côtés, soit au milieu,
soit à l'extrémité inférieure de la masse de glace.
On donne le nom de *moraines* à ces accumulations
de débris qui proviennent manifestement des montagnes avoisinantes : celles des bords du glacier sont
les moraines *latérales*, tandis qu'on réserve la dénomination de moraines *terminales* ou *frontales* à
celles qui s'entassent à son extrémité inférieure. Les
moraines *centrales* se voient sur le milieu d'un glacier formé par la rencontre de deux fleuves de glace,
et ne sont autre chose que la réunion des deux
moraines latérales appartenant aux rives médianes
de chaque affluent. En certains points, des blocs de
rochers isolés se trouvent comme suspendus au-

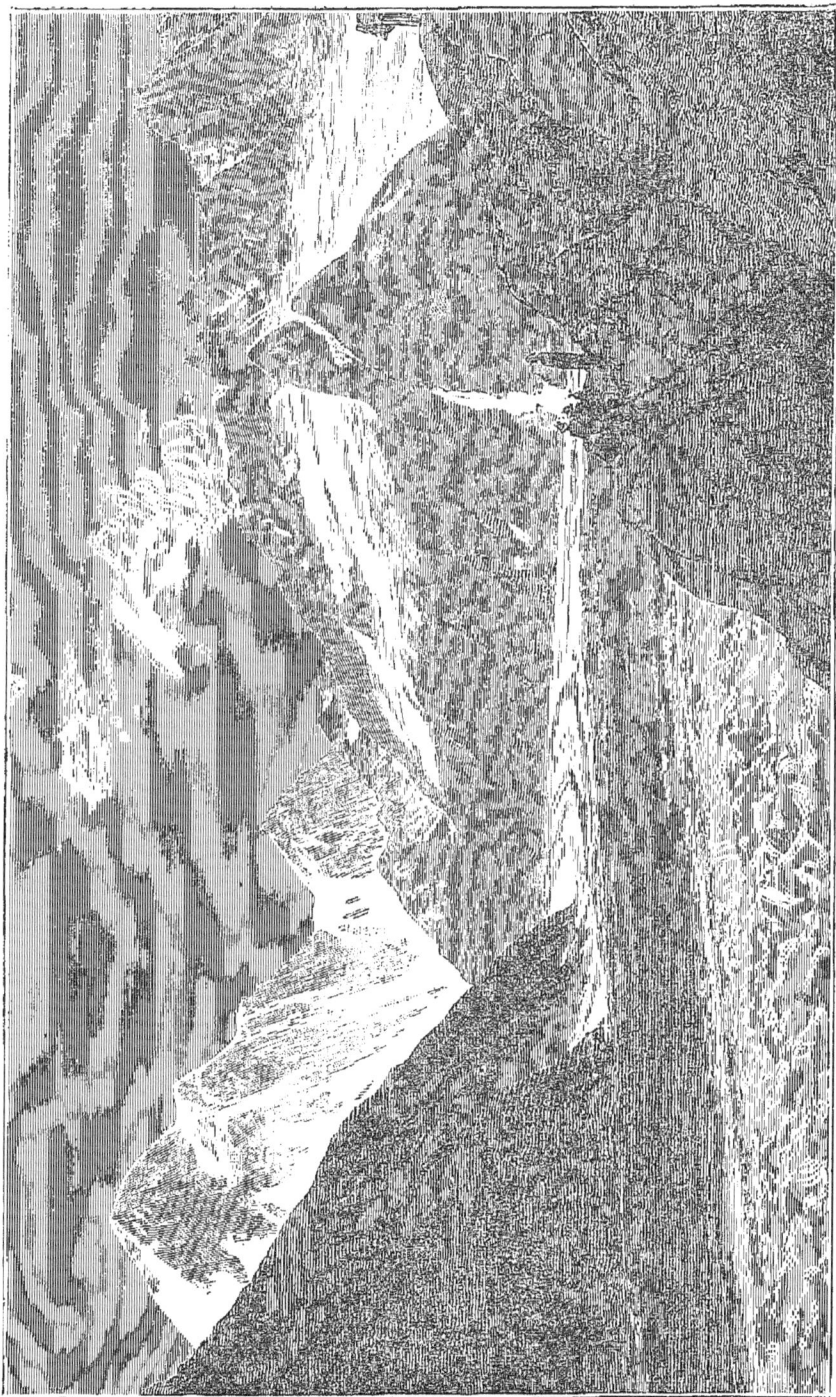

Fig. 49. — Glacier de l'Aar.

dessus d'un piédestal de glace, qui leur donne l'aspect de gigantesques champignons : ce sont les *tables des glaciers*. Ailleurs se voient des blocs de glaces de formes bizarres, pareils à des tours, à des aiguilles, à des cubes découpés dans la masse : on les connaît sous le nom de *séracs*. Enfin çà et là des cavités perpendiculaires reçoivent, comme les crevasses les eaux de fusion du glacier, lesquelles vont se perdre en tournoyant et en grondant dans ces sortes de puits, qu'on nomme les *moulins des glaciers*.

Les ponts de neige masquant les crevasses ont été fréquemment la cause d'accidents qui malheureusement n'ont pas toujours une issue heureuse, comme l'aventure arrivée à un curé suisse au siècle dernier [1], ou encore comme la chute que le savant historien du mont Blanc, M. Viollet-Leduc, fit en 1870 et qui lui

---

1. En voici l'histoire racontée par l'*Encyclopédie* à l'article GLACIERS : « Cet ecclésiastique étant allé à la chasse un samedi passa sur un glacier; il tomba dans une fente, sans cependant avoir été blessé de sa chute. Comme la fente alloit en rétrécissant, il n'alla pas jusqu'au fond; mais il fut retenu et demeura suspendu au milieu des glaces. N'ayant guère lieu de se flatter qu'il dût venir quelqu'un pour le tirer d'affaire, dans un endroit aussi peu fréquenté, il se soumit à la volonté du ciel et prit le parti d'attendre sa fin avec tranquillité. En tombant, il n'avoit point lâché le fusil qu'il tenoit dans ses mains; il en détacha la pierre, et s'en servit pour graver sur le canon sa malheureuse aventure, afin d'en instruire la postérité. Les paroissiens qui lui étoient très attachés, ne voyant paroître le dimanche suivant leur curé à l'église, se mirent en campagne pour le chercher. Quelques-uns d'entre eux aperçurent sur la neige les pas d'un homme; ils suivirent cette trace et ce fut avec succès; car elle les conduisit droit à la fente où leur infortuné pasteur n'attendoit plus que la mort. On l'appela, il répondit; et, quoiqu'il fût demeuré plus de vingt-quatre heures dans l'endroit où il étoit tombé, il eut encore assez de force pour saisir les cordes qu'on lui descendit pour le retirer : par ce secours imprévu, il échappa au danger qui l'avoit si longtemps menacé. »

permit, pendant les quatre ou cinq longues heures
de son emprisonnement dans une crevasse, d'étudier
la formation des stalactites de glace sur les parois de
sa prison. C'est au lendemain des chutes de neige, et
elles sont fréquentes, en toute saison, dans les hautes
altitudes, que le danger est grand. Elles ont souvent
une telle abondance, qu'en peu d'heures le sol du
glacier en est recouvert sous une épaisseur de plusieurs décimètres. Tantôt les crevasses sont remplies
de neige, comme il arrive après une tourmente,
tantôt elles sont recouvertes simplement d'un pont
qui les dissimule aux yeux. Le péril consiste à poser
le pied sur ce fragile édifice, sans avoir pris la précaution de s'attacher à ses guides ou compagnons,
par une corde solide. Voici un exemple, entre mille,
des terribles accidents survenus par suite de la
négligence d'une précaution absolument indispensable. Il y a une trentaine d'années, un jeune Russe,
attaché d'ambassade, M. de Groth, partit de Zermatt
avec son guide pour visiter les glaciers du mont
Rose. Précédant son guide de quelques pas, il dis-
parut soudain dans une crevasse dont l'existence lui
avait été masquée par un pont de neige. Pris, la tête
en bas, entre les deux parois de glace, il put toutefois crier à son guide d'aller chercher du secours.
Malheureusement, les cordes que le guide rapporta
après un temps assez long, se trouvant trop courtes,
il fallut retourner au village voisin et quand les montagnards revinrent, il était trop tard : ils ne trouvèrent plus qu'un cadavre. Le corps du malheureux
jeune homme, dans son agonie de cinq heures, avait
laissé son empreinte dans la glace, fondue autour
de lui.

M. Contejean, à qui nous empruntons ce récit, fait
une intéressante peinture de l'aspect que présentent
souvent les glaciers, des bruits incessants que cau-

sent à leur surface ou dans leurs profondeurs les mouvements intestins de leur masse. « Tantôt, dit-il, une détonation formidable annonce qu'une grande crevasse vient de s'ouvrir subitement; tantôt un grondement plus sourd indique la démolition d'une partie du front du glacier, ou la chute de quelque avalanche. Les innombrables tiraillements de la masse produisent des craquements presque continuels : le glacier cède en gémissant à sa destinée, a pu dire avec raison M. Forbes.

« C'est donc à tort qu'on se représenterait les champs de glace comme le domaine du silence et de l'immobilité. Dans un beau jour d'été, rien n'est au contraire plus animé que leur surface, pour qui sait observer. Dès le matin, la chaleur fait fondre la pellicule solide formée pendant la nuit, et bientôt circulent une multitude de petits filets d'eau qui s'écoulent en murmurant, se réunissent et s'anastomosent de mille manières pour constituer des ruisseaux qui se précipitent en cascades dans les crevasses et se joignent au torrent sortant du front du glacier. Parfois la neige est colorée en rouge par un végétal microscopique presque réduit à une simple cellule, le *Protococcus nivalis*, qu'on a observé dans les glaces du pôle, aussi bien que dans celles des montagnes. Des ilots rocheux, connus sous le nom de *Jardins des chamois*, percent les névés des cirques, et se revêtent d'une charmante parure de mousses, de saxifrages, d'androsaces et d'autres plantes alpines fort recherchées des collectionneurs. Il arrive aussi que de grands blocs précipités par les avalanches amènent jusqu'à la surface du glacier cette végétation aux vives couleurs.

« Le règne animal ne fait pas non plus défaut. A des hauteurs prodigieuses plane le gypaète barbu, ou vautour des agneaux, sur le compte duquel cir-

culent tant de fables. La corneille des Alpes fait
retentir de son cri rauque les basses vallées, où elle
se précipite en tournoyant. La perdrix des frimas ou
lagopède établit son nid dans le voisinage des neiges
éternelles. L'ours, le chamois, le bouquetin, fré-
quentent ces régions désolées, de plus en plus rares
et méfiants. Fort nombreuses, au contraire, les mar-
mottes font entendre à chaque instant leur sifflement
aigu et courent à leur terrier à la moindre alarme.
Les voyageurs qui passent la nuit dans les hautes
régions reçoivent souvent la visite indiscrète et
intéressée d'autres rongeurs particuliers aux montagnes glacées. Peu difficiles sur le choix des aliments,
ces animaux ne respectent aucune substance ayant
eu vie. Le vieux cuir paraît leur offrir un attrait particulier; je connais un explorateur des Pyrénées dont
les expériences furent arrêtées par les dents des cam-
pagnols, qui, en une seule nuit, dévorèrent complètement l'étui de son baromètre. Il n'est pas jusqu'aux
insectes qui n'aient leurs représentants. Pendant le
séjour que fit, en 1840, sur le glacier de l'Aar, la
courageuse phalange des naturalistes neufchâtelois,
ils trouvèrent en grande abondance un petit animal
agile et bondissant, la *puce des glaciers*, puisqu'il
faut l'appeler par son nom. Cet insecte, découvert
l'année précédente par M. Desor dans les glaciers du
mont Rose, appartient à la famille des podurelles.
De tous les habitants des neiges, c'est, sans contredit,
le plus curieux à observer, car il pénètre dans l'intérieur de la glace en apparence la plus compacte, et y
circule avec une grande rapidité, ce qui prouve bien
que les glaces qui nous paraissent les plus homo-
gènes sont remplies de fissures que l'œil ne distingue
pas aisément. De quoi peut vivre ce petit être qui
pullule sous toutes les pierres et dans certains
creux, c'est ce que je ne prends pas sur moi de

décider. » (*Les Glaciers et les phénomènes glaciaires*, conférence faite à Angoulème par M. Ch. Contejean, professeur à la Faculté des sciences de Poitiers.)

Tels sont les principaux traits de la physionomie de l'une des plus intéressantes curiosités des paysages alpestres. Les scènes grandioses que les glaciers déroulent aux yeux des touristes assez hardis pour en explorer toute l'étendue, offrent un genre de beautés qu'il n'est pas donné à tout le monde de contempler; mais l'homme de science y trouve un attrait non moins puissant, bien que d'un tout autre ordre. C'est en étudiant les glaciers, leur mode de formation et de développement, les traces qu'ils ont laissées dans maintes régions qu'ils couvraient jadis et d'où ils ont disparu à la suite des âges, qu'on a recueilli les renseignements les plus précieux sur l'histoire actuelle de la planète et sur celle de son passé. Le physicien, le météorologiste, le géologue ont également contribué à enrichir par leurs observations, leurs expériences, leurs aperçus ingénieux ou profonds, cette branche des sciences physiques et naturelles. Essayons de donner une idée sommaire des résultats obtenus.

IV

Formation, développement et mouvement des glaciers.

On a dit qu'un glacier est un *fleuve congelé*.

Dans nos définitions, nous avons parlé du cours de la masse de glace dans la vallée qui le circonscrit. Cette expression n'était pas seulement une image : elle dépeint la marche réelle du glacier, depuis les champs de neige où il prend naissance et qui sont comme la source du fleuve solide, jusqu'au front où, sous l'influence d'une température relativement élevée, il disparaît ou mieux se transforme en un cours d'eau, liquide cette fois. Parfois le fleuve de glace devient un vrai fleuve : sans aller plus loin que les Alpes, le Rhin, le Rhône, le Pô sont également des enfants des glaciers.

Reprenons donc le phénomène à son origine.

Les neiges qui tombent, en quantités considérables, en hiver, au printemps, en automne, sur les sommets des hautes chaînes, s'accumulent surtout dans les *cirques*, dépressions plus ou moins vastes en forme d'enceintes semi-circulaires, voisines des sommets. Ce sont ces neiges qui donnent naissance aux glaciers par suite d'une série de transformations dont nous allons emprunter la description à un de nos savants compatriotes, M. Martins : « A la chaleur des rayons du soleil, dit-il, la surface de la neige commence à fondre; l'eau résultant de cette fusion s'infiltre dans les couches inférieures, qui se changent, sous l'influence des gelées nocturnes, en une masse granuleuse, composée de petits glaçons encore désagrégés, mais plus adhérents entre eux que les flocons qui leur ont donné naissance. Cet état de la neige a été désigné par les physiciens suisses sous le nom de *névé* (*firn*, dans la Suisse allemande). Pendant tout l'été, ce névé s'infiltre de nouvelles quantités d'eau provenant toujours de la fonte superficielle ou de celle des neiges environnantes, dont les eaux viennent se réunir dans la dépression qui forme le berceau du glacier. Dans ces régions, le thermomètre tombant chaque nuit au-dessous de zéro, même au cœur de l'été, ce névé se congèle à plusieurs reprises. A la suite de ces fusions et de ces congélations successives, il offre l'apparence d'une nappe blanche compacte, mais remplie d'une infinité de petites

bulles d'air sphériques ou sphéroïdales : c'est la
glace bulleuse des auteurs qui ont écrit sur ce sujet.
L'infiltration et la congélation de la masse devenant
de plus en plus parfaites à mesure que le glacier
descend vers les régions habitées, l'eau finit par
remplacer toutes les bulles d'air : alors la transformation est complète, la glace paraît homogène, et
présente ces belles teintes azurées qui font l'admiration des voyageurs [1]. »

Tel est le mode de formation des glaciers qui
s'alimentent des neiges tombées chaque année sur
les hautes cimes, et qui dès lors s'accroîtraient
indéfiniment si, chaque été, une certaine épaisseur
de la surface ne fondait sous l'action du rayonnement
solaire, et si de même une portion de son extrémité
inférieure ne se résolvait en eau sous l'influence
d'une température supérieure à celle de la congélation. Le ruissellement continuel qu'on observe à la
surface des glaciers pendant la saison chaude, les
torrents qui s'écoulent en aval du front sont autant
de témoignages de ce phénomène, auquel Agassiz a
donné le nom d'*ablation*, et qui limite l'extension du
fleuve de glace. Du reste, selon que la saison est
sèche et chaude, ou au contraire froide et pluvieuse,
c'est la fusion qui l'emporte et le glacier recule, ou,
au contraire, c'est son mouvement de progression
qui est prépondérant, et il avance.

Nous avons à montrer maintenant la réalité du
mouvement de progression ou de translation de la
masse glaciaire depuis son origine, aux champs de
névé, jusqu'au point où elle prend fin dans la vallée
inférieure. De temps immémorial le fait était connu
des montagnards suisses, et dès 1574 un savant

1. *Les Glaciers des Alpes* (DU SPITZBERG AU SAHARA), par
Charles Martins.

zurichois, Simler, le signalait dans l'ouvrage qu'il consacrait à la description des Alpes. Reconnu exact par Scheuchzer en 1705, puis par de Saussure à la fin du XVIII° siècle, il a été enfin complètement mis hors de doute dans la première moitié du nôtre, par les observations et les mesures de divers savants : Hugi, Agassiz, Forbes, Desor, Rendu, Tyndall, etc.

On avait déjà remarqué le mouvement de déplacement des crevasses d'année en année. De même, en examinant la nature des rocs qui forment les moraines, on avait été frappé de ce fait, que les caractères minéralogiques de nombre de ces blocs étaient différents de ceux des roches des montagnes latérales, d'où ils semblaient manifestement devoir provenir. Ces caractères se rapportaient aux roches qui surplombent des parties beaucoup plus élevées du glacier. De là à conclure que les débris tombés de ces hauteurs sur la masse de glace avaient été lentement transportés par elle jusqu'au point où on les observe actuellement, et à en déduire la vitesse moyenne de translation, il n'y avait qu'un pas. Ce pas fut franchi le jour où un savant suisse, le professeur Hugi (de Soleure), se construisit une cabane sur le glacier de l'Unteraar, dans le but d'y faire des observations suivies du glacier [1]. C'était dans l'été de 1827. Trois années après, en 1830, l'observatoire de Hugi était descendu de 100 mètres. Six

---

1. En 1778, dans sa célèbre ascension au col du Géant, Saussure abandonna une échelle de bois au pied de l'Aiguille noire, vers le point où commence l'une des moraines centrales de la Mer de Glace. Des morceaux de cette échelle furent retrouvés quarante-quatre ans plus tard, en 1832, par Forbes et d'autres voyageurs, en un point dont la distance au premier mesurait 4050 mètres. M. Ch. Martins trouva en 1845 un morceau de la même échelle, à 370 mètres plus bas. Le glacier s'était donc avancé, en moyenne, d'abord de 75 mètres, puis seulement de 28 mètres par an.

ans plus tard, en 1836, il s'était avancé de 716 mètres, et en 1841 Agassiz trouvait la cabane à une distance de 1432 mètres de son point de départ. Il en résulte un mouvement moyen de 102 mètres par année.

Le mouvement de progression de l'ensemble du glacier était donc manifeste. Il restait à l'étudier dans ses détails les plus circonstanciés. Dès 1840, Agassiz prit des mesures exactes du mouvement du glacier de l'Unteraar, en observant au théodolite les positions relatives de six poteaux qu'il avait fait planter solidement en ligne droite en travers de la masse de glace. L'année suivante, il constata que les six poteaux s'étaient déplacés de quantités inégales, de sorte que l'alignement primitif était fortement altéré, comme le prouvent les nombres suivants, qui marquent l'avancement de chacun d'eux.

1er poteau.....	49 mètres.	4e poteau......	74 mètres
2e —	68 —	5e —	64 —
3e —	82 —	6e —	38 —

Les observations des années suivantes, faites par le même savant, celles que Forbes entreprit à la Mer de Glace à la même époque, confirmèrent entièrement la loi accusée par les nombres qui précèdent et que l'on peut formuler ainsi : Le mouvement de progression d'un glacier est plus prononcé dans sa partie centrale que sur les bords : la vitesse va en croissant jusqu'à l'axe du glacier. C'est précisément ce qui se passe dans les eaux d'un fleuve, plus rapides au milieu que sur les rives.

Mais là ne devait point se borner l'assimilation entre le fleuve solide et le fleuve liquide. MM. Tyndall et Hirst, en 1857, ont effectué sur la Mer de Glace une série de mesures ayant pour objet de déterminer le lieu des points de plus grande vitesse de la surface du glacier, et aussi de comparer entre

elles les vitesses des points situés à égale distance
des deux bords, dans les parties courbes du fleuve
de glace. Les conséquences de ces mesures ont été
celles-ci : ce n'est pas généralement l'axe ou la ligne
médiane de la surface du glacier qui a le mouvement
de progression le plus rapide; conséquemment la

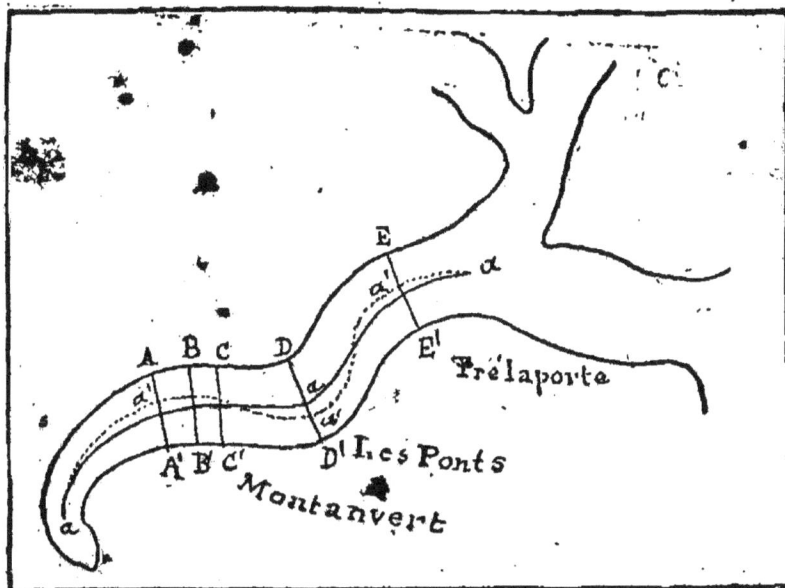

Fig. 50. — Mer de Glace. — Mouvement de progression du centre
et des bords.

vitesse n'est pas la même sur l'un ou l'autre côté, si
l'on considère des points pris à égale distance des
bords. Tyndall reconnut que le côté du glacier qui
se trouvait animé du mouvement le plus rapide était
toujours celui qui tournait sa concavité vers l'axe;
de même le lieu des points de plus grande vitesse
est toujours en dehors de l'axe par rapport à sa convexité. Par exemple, dans la partie de la Mer de
Glace qui se trouve en face du Montanvert (fig. 50),
le glacier présente sa convexité vers l'est; or, en
comparant les vitesses de déplacement des poteaux
plantés à sa surface dans la direction des aligne-

ments AA', BB', CC', Tyndall a trouvé que c'est du
côté du bord oriental que ces vitesses étaient les plus
grandes; en face des Ponts, la sinuosité du glacier
est en sens contraire, et ce sont les poteaux du bord
occidental D' qui avaient subi les plus forts déplacements; enfin, vis-à-vis de Trélaporte, un nouveau
changement de courbure a ramené la plus grande
vitesse sur le bord oriental E. D'où la loi suivante,
formulée par le savant physicien : « Quand un glacier parcourt une vallée sinueuse, le lieu des points
de plus grande vitesse ne coïncide pas avec l'axe du
glacier, mais, au contraire, se trouve toujours du
côté de la convexité de la ligne centrale. Ce lieu est
donc une ligne courbe (a' a' a') à sinuosités plus
profondes que celles de la vallée, et coupant l'axe
du glacier à chaque changement de courbure [1]. »

Ainsi, comme toutes les rivières, le fleuve de glace
a son courant plus fort vers celle de ses rives qui
offre le moins de résistance au mouvement de sa
masse, c'est-à-dire du côté convexe de chacune de
ses sinuosités. Pour achever de démontrer la parfaite
analogie des deux mouvements, il restait à faire voir
que la vitesse des molécules de la surface est plus
grande aussi que celle des molécules du fond. En
août 1846, MM. Dolfus-Ausset et Charles Martins
fixèrent deux piquets dans un escarpement vertical
du glacier de l'Aar, l'un à 1 mètre de la surface,
l'autre à 8m,20 plus bas. Dix-huit jours plus tard,
le piquet inférieur fut trouvé de 200 millimètres en
arrière du piquet supérieur, preuve évidente de la
marche accélérée de la masse, du fond vers la surface. Tyndall confirma vingt et un ans plus tard cette
première observation. Ayant pu, non sans danger,
aborder un mur de glace de 46 mètres d'épaisseur, à

1. *Les Glaciers et les transformations de l'eau*, par J. Tyndall.

l'endroit où le glacier du Géant reçoit comme affluent le glacier du Léchaud, il fixa trois poteaux, l'un au sommet du précipice de glace, le second à 11 mètres du fond et le troisième à 1m,20. Leurs vitesses en 24 heures furent les suivantes :

Poteau supérieur.. .... 152 millimètres.
— moyen................ 114 —
— inférieur.............. 68 —

Le ralentissement dû au frottement des couches inférieures contre le fond sur lequel repose la masse de glace, est rendu évident par ces mesures. On voit ici que ces couches ont une vitesse à peine égale à la moitié de la vitesse de la surface.

Le mouvement de progression des glaciers est en tout semblable, on le voit, à l'écoulement de l'eau dans les rivières ou les fleuves. Avant de dire quelles explications on en a données, indiquons par quelques nombres la vitesse moyenne de ce mouvement, qui s'effectue avec une telle lenteur, que les instruments de précision des géodésistes permettent seuls de le constater séance tenante, mais qui d'autre part est tellement irrésistible qu'aucun obstacle n'est capable de l'entraver.

Si l'on considère les trois premières années d'observations de Hugi, le glacier de l'Unteraar marchait avec une vitesse moyenne de 33 mètres par an; les six premières ont donné 80 mètres, et, en prenant l'ensemble des observations de 1827 à 1841, on trouve une moyenne de 102 mètres. Agassiz et Desor ont calculé une progression de 71 mètres par an. Il est très difficile de déterminer la vitesse de descente d'un glacier, non seulement parce qu'elle varie suivant l'année, la saison, mais aussi parce qu'elle n'est pas la même aux divers points de son cours. Des mesures prises par divers observateurs à des hauteurs différentes sur plusieurs glaciers, il paraît résulter que la vitesse est notamment plus grande à la partie supérieure qu'à l'extrémité inférieure : sur l'Unteraar, la progression annuelle varie ainsi de 39 mètres à 75 mètres. Les deux affluents supérieurs du même glacier, le Finsteraar et le Lauteraar, ont donné des nombres variant, pour le premier, de 48 mètres à 81 mètres, et, pour le second, de 31 mètres à 74 mètres. M. Grad a fait sur le glacier d'Aletsch une série d'observations qui prouvent que la vitesse va en diminuant à mesure qu'on s'approche du front du glacier. A 15 kilomètres de l'extrémité inférieure, c'est-à-dire à peu près au milieu de son cours, cette vitesse était de 404 millimètres en 24 heures ; à 7 kilomètres plus bas, elle se réduisait à 294, et, à 2 kilomètres seulement de l'extrémité inférieure, elle n'était plus que de 240 millimètres. Cependant des résultats contraires ont été constatés par Tyndall à la Mer de Glace. Voici, en effet, les vitesses trouvées pour les points de la ligne médiane, c'est-à-dire les vitesses maxima à diverses hauteurs :

	Par jour.
A Trélaporte.................	508 millimètres.
Aux Ponts.................	584 —
Au-dessus du Montanvert......	660 —
Au Montanvert.................	864 —
Au-dessous du Montanvert....	838 —

Quelle est la raison de ces différences dans la progression des masses de glace de l'Unteraar et d'Aletsch, comparée à celle de la Mer de Glace près de Chamounix? Est-ce aux variations de l'inclinaison? Cela n'est pas probable. Desor a constaté que le Glumberg, qui est un glacier tributaire de l'Aar et dont la pente varie de 30° à 50°, n'a qu'un mouvement annuel de 22 mètres, tandis que le glacier

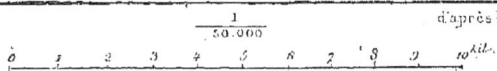

Fig. 51. — Glacier d'Aletsch.

principal, avec une inclinaison de 4° seulement,
s'avance de 71 mètres par an. La Mer de Glace a
une inclinaison de 5° à 6°, et, bien qu'elle soit un
peu plus forte à son extrémité inférieure, la différence n'est pas suffisante pour rendre compte de
l'accélération. D'après M. Grad, c'est en raison de
l'épaisseur du glacier, du fond jusqu'à la surface,
que croît le mouvement de progression. Cette épaisseur varie elle-même avec la forme des parois de la
vallée et s'accroît naturellement quand ces parois se
resserrent et que la masse de glace, au lieu de s'étaler
en largeur, est obligée de gagner en hauteur l'espace
qui lui est refusé dans l'autre sens.

Le mouvement de progression des glaciers varie
aussi suivant les saisons, plus rapide en été qu'en
hiver, dans une proportion assez considérable.
D'après Grad, sur le glacier de l'Aar, entre le printemps et le commencement de l'été, le rapport entre
le mouvement minimum et le mouvement maximum
est celui de 100 à 283 ; au glacier des Bois (partie
inférieure de la Mer de Glace), de décembre à juillet,
ce rapport est de 100 à 456.

Ces variations dans la vitesse de progression d'un
même glacier, soit dans la suite des années, soit
d'une saison à l'autre, celles que nous avons également constatées dans la vitesse à diverses hauteurs,
rendent difficile l'évaluation de la moyenne annuelle.
Néanmoins on estime qu'il faut de 120 à 140 ans à la
glace du col du Géant pour franchir l'intervalle qui
la sépare, à sa sortie des champs de névé, de la
source de l'Arveiron ou de l'extrémité inférieure de
la Mer de Glace. A raison de 71 mètres par an, le
glacier de l'Unteraar met 342 ans à descendre les
24 kilomètres qui mesurent sa longueur. Rien ne
frappe plus l'imagination de celui qui pour la première fois visite un glacier que le contraste de cette

immobilité apparente de la masse énorme et solide qui le porte, avec la certitude de son irrésistible mouvement, dont il peut apprécier les témoignages. Cette masse descend, brisant et renversant devant elle tous les obstacles. « Lorsque, dit Helmholtz, à la suite d'une série d'années humides, accompagnées de chutes de neige très considérables dans les hauteurs, la partie inférieure du glacier s'avance. elle pousse devant elle les demeures des hommes, en brisant sur son passage les arbres les plus vigoureux, elle déplace même, sans paraître éprouver de résistance sensible, les remparts formés par les immenses blocs de rochers qui constituent sa moraine terminale et qui forment des séries de collines très considérables. »

V

Crevasses des glaciers.

Revenons maintenant à certaines particularités curieuses que nous n'avons fait que mentionner plus haut, et voyons comment leur existence est liée au mode de formation des glaciers, ou à leur mouvement de progression.

Parlons d'abord des crevasses.

Ces ouvertures béantes, qui laissent entrevoir dans leurs profondeurs les lueurs pâles de la lumière du jour tamisée par la glace, lueurs bleues d'une pureté admirable, constituent, pour l'explorateur des glaciers, le principal obstacle à ses recherches; s'il ne prend toutes les précautions que la prudence exige, c'est sa vie qu'il joue, quand il se risque à franchir ces abîmes. Le danger est grand, surtout quand la neige a recouvert la surface entière du

glacier et que les crevasses sont masquées par un
pont d'une faible épaisseur : la neige cède sous le
pied du touriste qui s'aventure sans la sonder pour
ainsi dire à chaque pas.

Il y a des crevasses de toutes dimensions, en longueur comme en largeur. Les plus nombreuses se
voient sur les bords en talus des glaciers : ce sont
les crevasses *marginales*, qui affectent d'ordinaire
une inclinaison d'environ 45° dans une direction
d'aval en amont, mais qui s'entre-croisent parfois de
la façon la plus confuse. D'autres crevasses traversent toute la surface du glacier d'un bord à l'autre;
il en est enfin qui le sillonnent dans le sens de la
longueur. Les dénominations de crevasses *transversales*, *longitudinales* se comprennent d'elles-mêmes,
comme celle de crevasses *frontales*, qui découpent la
glace à l'extrémité inférieure du glacier.

Ces gouffres prennent naissance de la façon la plus
simple et commencent généralement par une fissure
à peine perceptible. Voici comment un explorateur
infatigable des glaciers, Tyndall, rend compte du
phénomène : « Nous nous préparons à rentrer, dit-
il, après une journée pénible passée sur le glacier du
Géant, quand sous nos pieds se fait entendre une
explosion qui semble partir de la masse même du
glacier. Un peu surpris, nous regardons autour de
nous; le bruit se répète et plusieurs explosions se
succèdent rapidement. Elles éclatent tantôt à notre
droite, tantôt à notre gauche, et il semble que le
glacier se brise tout autour de nous. Mais nous
n'apercevons toujours rien.

« Nous examinons alors soigneusement la glace;
après une heure de recherches, nous découvrons la
cause de ces bruits. Ils annoncent la formation d'une
crevasse. A travers une flaque d'eau qui se trouve
sur le glacier, nous voyons monter des bulles d'air,

et nous nous apercevons qu'au fond de cette flaque il y a une fente étroite qui livre passage aux bulles d'air. A droite et à gauche de la flaque, nous pouvons suivre la fissure nouvelle jusqu'à une grande dis-

Fig. 52. — Crevasses marginales du glacier de l'Unteraar.

tance. Elle est quelquefois si faible qu'elle échappe à la vue, et n'est nulle part assez large pour livrer passage à la lame d'un couteau.

« Il est difficile de croire que les formidables crevasses entre lesquelles nous avons si souvent passé avec crainte, puissent avoir une si faible origine ; telle est pourtant la vérité. Les gouffres béants qui se trouvent aux chutes de glace du Géant et du Talèfre, et plus haut encore, n'ont été d'abord que des fissures étroites, qui se sont peu à peu élargies en crevasses. Nous apprenons ainsi, par un exemple à la fois instructif et frappant, que des apparences qui semblent indiquer une action très violente, peuvent réellement être le résultat d'actions si lentes

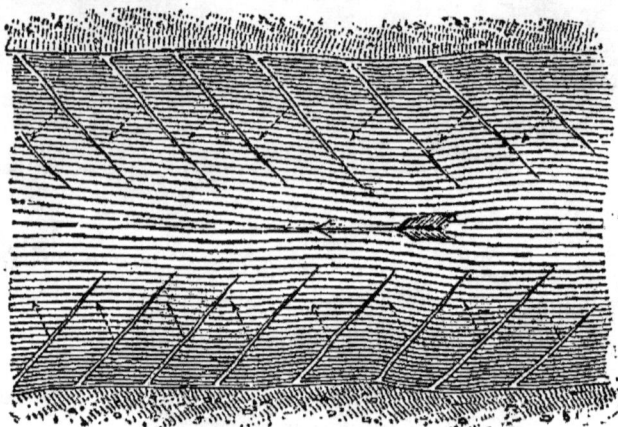

Fig. 53. — Formation des crevasses marginales.

qu'on ne peut les reconnaître que par les observations les plus délicates [1]. »

Mais sous quelle influence se produisent ces fentes, quelle est la cause physique ou mécanique des crevasses, c'est une question que W. Hopkins a très nettement résolue, en montrant qu'elles sont une suite du mouvement de progression des glaciers et de la tension qui résulte, en divers points de la masse, de l'inégalité de vitesse de ses diverses parties.

Les bords du glacier, on l'a vu plus haut, en raison de la résistance des parois de la vallée, se meuvent plus lentement que les parties centrales. De là une tension qui s'exerce suivant la direction des flèches de la figure (fig. 53). A un moment

1. *Les Glaciers et les transformations de l'eau.*

donné, la cohésion des couches de glace est vaincue, et une séparation ou fente se produit normalement à cette direction. La ligne de tension étant inclinée de 45° sur l'axe du glacier dans le sens d'amont en aval, c'est à 45°, mais d'aval en amont, que se produit la fente ou la ligne de rupture. Les premiers observateurs, voyant que les crevasses marginales coupaient les rives obliquement dans le sens du courant, trompés par l'apparence, en concluaient que les bords ont une marche plus rapide que le centre. Les mesures effectuées, d'accord avec l'analyse mécanique du phénomène, ont prouvé le contraire.

Quant aux crevasses transversales et longitudinales, leur production est due aux inégalités du fond du glacier. Si ces inégalités affectent la pente, si, après avoir suivi un lit d'une certaine inclinaison, la masse de glace arrive à un point où cette pente s'accélère, la glace, obligée de se ployer dans le sens de son épaisseur pour suivre le nouveau lit, se brise sous l'effort qui résulte de cette tension, et il se produit un certain nombre de crevasses d'autant plus larges que l'inclinaison nouvelle est plus forte. Dans un fleuve liquide, il se formerait là des *rapides*, et la fluidité de l'eau permettrait cette accélération de vitesse qui est impossible avec la glace. Les crevasses transversales ainsi formées se referment un peu plus bas, si le lit du glacier reprend son inclinaison première. C'est ce que montre clairement la figure 54. L'explication des crevasses longitudinales est tout à fait semblable. Seulement elles supposent des inégalités du fond du glacier dans le sens de sa largeur. Ces dernières crevasses se produisent encore dans les points où le lit du glacier s'élargit tout à coup, au sortir d'un défilé escarpé et étroit. La glace pouvant s'épandre alors latéralement, la tension s'exerce dans le sens transversal, et les fentes se produisent perpendiculairement à cette direction, c'est-à-dire dans le sens longitudinal.

Tyndall a fait observer que les crevasses margi-

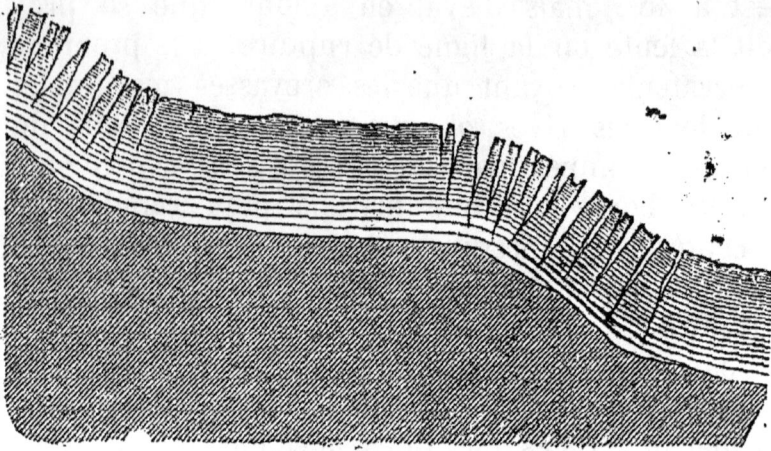

Fig. 54. — Causes de la formation des crevasses transversales (coupe longitudinale du glacier).

nales sont plus nombreuses du côté convexe que de l'autre dans les parties courbes des glaciers. Et il en donne la raison : d'après ses mesures, la vitesse est

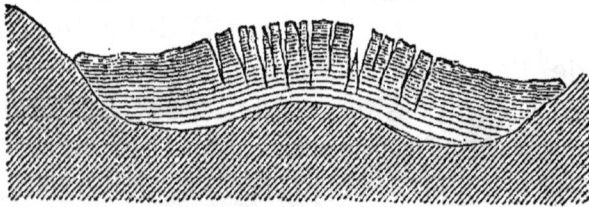

Fig. 55. — Causes de la production des crevasses longitudinales (coupe en travers du glacier).

plus grande sur le premier bord que sur l'autre, et par suite la tension qui détermine les ruptures y est plus forte aussi. Il prend pour exemple la Mer de Glace, à la hauteur du Montanvert, sur le bord occidental ou concave du glacier, et il fait remarquer

que les crevasses y sont beaucoup moins nombreuses que sur le bord oriental ou du Chapeau, qui
est le côté convexe de la Mer de Glace en cette région.

Fig. 56. — Crevasses et pont de stalactites au glacier du Rhône.

Les crevasses suivent naturellement le mouvement
des glaciers [1]; seulement, comme on vient de le voir,

1. Les crevasses se succèdent en un même point d'un glacier, de façon à faire croire, après un certain intervalle de
temps, qu'elles n'ont point changé de place. C'est cette illusion que signale Tyndall dans le passage suivant de son livre
sur *les Glaciers* : « Au sommet du Grand-Plateau, dit-il, et au
pied de la dernière pente du mont Blanc, je vous montrerais
une grande crevasse dans laquelle trois guides furent précipités par une avalanche en 1820. N'est-ce pas là une erreur?
Une crevasse, qu'il serait difficile de distinguer de la crevasse actuelle, existait assurément là en 1820. Mais était-ce

elles subissent pendant leur mouvement les changements que comportent les variations dans les causes
qui leur ont donné naissance; les unes se referment,
les autres s'agrandissent au contraire. D'ailleurs
l'action de l'eau qui circule dans les mille anfractuosités de la surface du glacier contribue à modifier
la forme des crevasses. C'est ainsi que sont produits
les moulins ou puits des glaciers, dont il a été question plus haut. Les ruisselets de la surface, se réunissant en torrents, coulent avec impétuosité dans
les lits qu'ils se creusent, jusqu'à ce que, rencon-
trant une crevasse, ils s'y précipitent avec force et
creusent en entonnoir la paroi contre laquelle l'eau
vient frapper. Le tournoiement de l'eau dans ces
abîmes produit un fracas assourdissant qui a fait
donner le nom de *moulins* aux puits des glaciers.

Comme le moulin suit la fissure dans son mouvement de descente, il arrive un moment où le torrent
qui le formait, trouvant une autre issue dans la crevasse qui a succédé à la première, abandonne celle-ci
et commence à former un nouveau puits. Tyndall a
sondé plusieurs de ces puits abandonnés, qui avaient
jusqu'à 27 mètres de profondeur; un plomb de
sonde jeté dans le Grand-Moulin (en activité) donna
49^m,55, mais sans que le fond fût atteint. « Un de
ces puits, dit M. Ch. Martins, mesuré par MM. Dollfus,
Otz et moi, sur le glacier de l'Aar, avait 58 mètres

---

bien la même que la crevasse actuelle? La glace fendue qui se
trouve aujourd'hui en cet endroit est-elle la même que celle
d'il y a cinquante et un ans? Assurément non. Et qu'est-ce
qui le prouve? C'est le fait que, plus de quarante ans après
leur disparition, les restes de ces trois guides ont été retrouvés
près de l'extrémité du glacier des Bossons, à plusieurs milles
au-dessous de la crevasse actuelle. » Cette observation prouve
en outre, comme nous le dirons plus loin, que la glace du
fond finit, au bout d'un certain temps, par reparaître à la
surface, résultat nécessaire du phénomène de l'ablation.

de profondeur. Sur le glacier de Finsteraar, M. Desor
en a sondé un autre, et n'a trouvé le fond qu'à
232 mètres au-dessous de la surface. » C'est à d'anciens moulins de glacier qu'on attribue la formation
de ces cavités singulières connues sous le nom de

Fig. 57. — Lac alimenté par les ruisseaux des glaciers du Groenland
(Inlandsis).

marmites de géants. En s'engouffrant dans les puits,
l'eau chargée de sable, de graviers et de galets creusa
jadis, au sein des roches sur lesquelles glissait le
glacier, les trous arrondis qu'on voit aujourd'hui en
divers lieux. La figure 58 représente les Marmites
de géants du *Jardin glaciaire* de Lucerne. « Ce
jardin, dit M. Gourdault [1], décoré dans le genre
alpestre, et dont les divers reliefs ont été réunis par
des ponts et des escaliers, renferme l'œuvre tout

1. *La Suisse,* t. I.

entière et bien authentique d'un glacier de l'époque
quaternaire. Ce sont seize excavations ou *marmites
de géants*, dont la principale a 14 mètres environ de
diamètre sur à peu près autant de profondeur. Les
forages polis et en entonnoir commencés par les
eaux de fonte tourbillonnantes du glacier ont été
ensuite continués et poussés de plus en plus dans le
sol rocheux par les blocs erratiques que le glacier
portait avec lui. Ce glacier était celui de la Reuss et
de ses affluents. » On trouve des cavités semblables
dans un grand nombre de régions que recouvraient
les glaciers des anciens âges, notamment dans les
fiords de la Scandinavie, où elles acquièrent des
dimensions énormes.

Une des curiosités des glaciers, dont l'intérêt scientifique est immense, surtout au point de vue géologique, ce sont les *moraines*, ces accumulations de
roches, de cailloux, de débris de toutes sortes,
tombés des montagnes voisines ou arrachés aux
flancs escarpés qui bordent le fleuve de glace. Nous
avons déjà dit qu'on les distingue en moraines
latérales, les plus puissantes, parce qu'elles se gros-
sissent de tous les blocs qui y tombent pendant la
période de parcours du glacier, et moraines *centrales*, qui proviennent de la jonction du glacier
principal avec ses affluents, et qui dès lors sont aussi
nombreuses que ceux-ci (c'est ainsi que la Mer de
Glace est sillonnée par quatre moraines centrales
provenant du glacier du Géant, de celui du Léchaud
et des deux glaciers qui constituent le Talèfre). En
arrivant à la partie inférieure, au front du glacier,
toutes ces moraines se réunissent en une seule, la
moraine *terminale* ou *frontale*, que la masse de
glace pousse en avant quand le glacier s'accroît en
longueur, qu'elle laisse isolée au contraire quand,
par un phénomène inverse, le glacier recule et

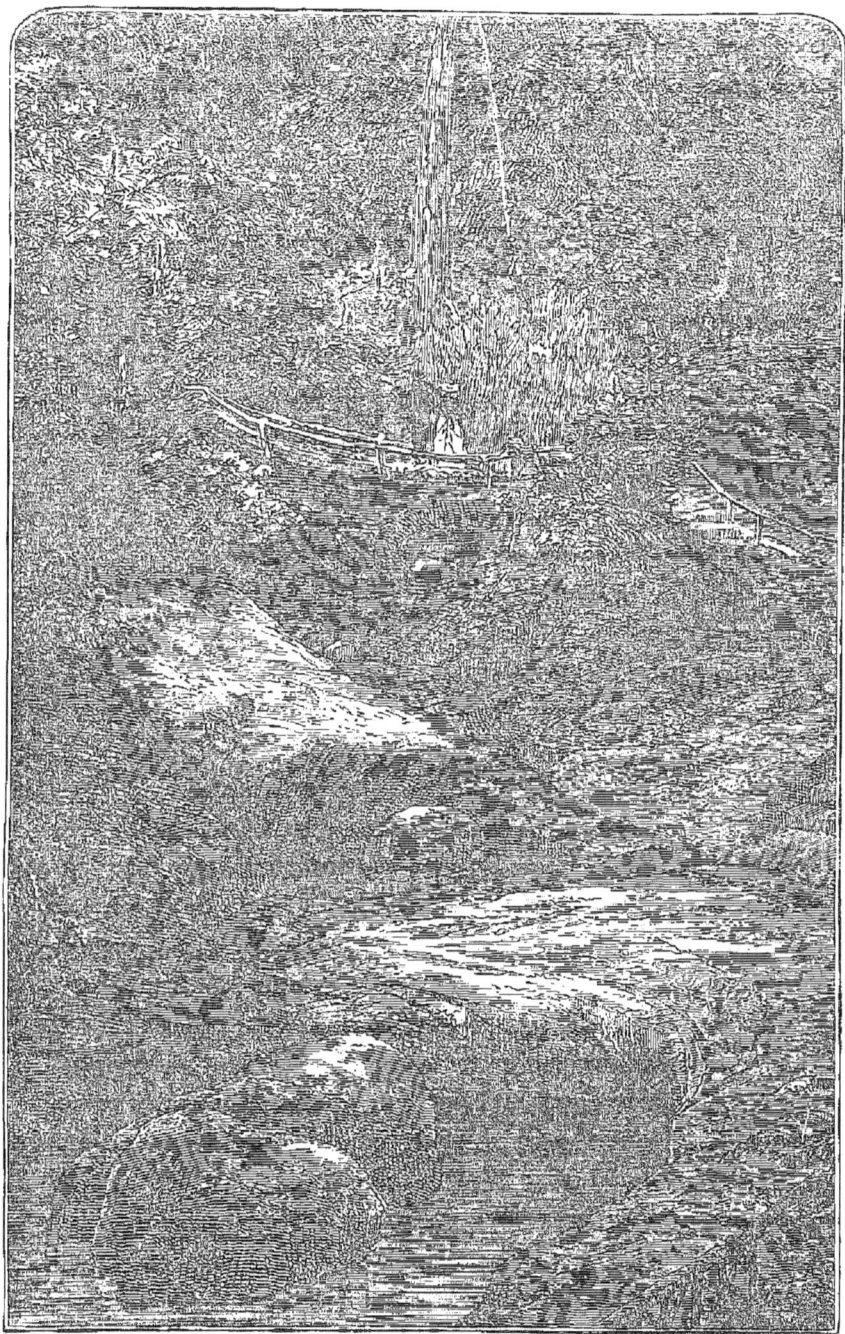

Fig. 58. — Marmites de Géants à Lucerne.

diminue. La moraine frontale diffère des deux autres en ce que, au lieu de reposer sur la glace, ses blocs s'appuient sur le sol du fond de la vallée. Indépendamment de ces moraines, qu'on peut appeler *superficielles*, puisque les débris dont elles sont formées proviennent tous de la surface extérieure du glacier, il y a lieu de considérer encore la couche de graviers, de cailloux et de boues sableuses interposée entre la surface inférieure du glacier et le sol sous-jacent : elle constitue la *moraine profonde*. En arrivant au front terminal, ces débris s'accumulent avec les autres dans la moraine frontale.

Les blocs de rochers qui forment les moraines ont parfois des dimensions colossales; dans les glaciers des Alpes, il n'est pas rare d'en rencontrer qui mesurent une dizaine de mètres dans tous les sens. Le rocher de Blaustein, dans la vallée de Saas, a un volume de 8000 mètres cubes.

Parmi les blocs de pierre que porte la surface des glaciers, il en est qui offrent une particularité curieuse : ils ont l'aspect de tables supportées par un pied de glace, à peu près comme le sont les anciens dolmens sur leurs piédestaux de granit. La figure 59 représente un spécimen de ces *tables de glacier*, dont la formation s'explique d'ailleurs fort simplement. Nous avons parlé plus haut du phénomène de l'ablation, c'est-à-dire de l'abaissement continu de la surface du glacier sous l'influence de la température et notamment de la radiation solaire. La fusion de la glace ainsi produite pendant l'été compense l'exhaussement qui résulterait de la chute de la neige pendant l'hiver. « Tant que la fusion, dit M. Grad, entame seulement les neiges tombées l'hiver à la surface de la glace, les glaciers ne diminuent pas. Mais, une fois que la glace est elle-même entamée, les glaciers diminuent en hauteur, d'autant plus que

l'ablation dépasse la croissance causée par l'infiltration et le regel de l'eau à l'intérieur de la masse [1]. »

L'ablation ne se produit pas là où la surface de
la glace est abritée contre le rayonnement solaire.

Fig. 59. — Table de glacier.

Or un rocher isolé sur le glacier protège contre toute
fusion la partie de la surface sur laquelle il repose,

1. Le savant que nous citons a mesuré en 1869 la hauteur
de l'ablation à diverses altitudes sur le glacier d'Aletsch. Il a
trouvé à 2150 mètres une moyenne quotidienne de 32 millimètres; à 2000 mètres, cette moyenne s'élevait à 50 millimètres; à 1800 mètres d'altitude, elle atteignait 52 millimètres.
Elle était du reste fort inégale sur une même ligne transver-
sale, en raison soit de l'abri des moraines, soit de la réverbération de la chaleur par les parois rocheuses des rives. Il
s'agit là d'observations faites pendant les mois d'août et de
septembre : dans les journées chaudes et claires de l'été,
l'ablation est considérable. M. Grad l'a vue atteindre 15 millimètres par heure au glacier de l'Aar. Desor évalue à 5 mètres
en moyenne la perte due à l'ablation pendant l'année entière
sur les glaciers de la Suisse.

tandis que tout autour de sa base la glace fond et son niveau s'abaisse. Peu à peu donc le rocher reste suspendu sur un bloc de glace qui ne peut s'entamer que latéralement; le plus souvent cette espèce de plateau est incliné, et l'on a remarqué que la direction de cette inclinaison est celle du nord au sud. Cette particularité s'explique aisément par l'action plus énergique des rayons solaires au midi du bloc, tandis que du côté du nord l'ombre portée rend l'abri plus complet. On observe un phénomène tout semblable dans les traînées qui forment les moraines centrales. Les bandes de débris de rochers qui les constituent s'élèvent quelquefois à 8 ou 10 mètres au-dessus du niveau du glacier. Or, en examinant ces crêtes, on reconnaît que la couche de pierres est superficielle, qu'elle repose en réalité sur une longue arête de glace, que la moraine a protégée contre la fusion, tandis que l'ablation abaissait partout ailleurs le niveau du glacier.

Ainsi s'explique encore ce fait, bien connu des montagnards, que les objets qui disparaissent dans les profondeurs des crevasses finissent, au bout d'un temps plus ou moins long, par reparaître à la surface, comme si le glacier rejetait tout corps étranger, « ne souffrait rien d'impur », selon l'expression consacrée.

VI

Théorie physique du mouvement des glaciers.

Tous les phénomènes que nous venons de rapporter ont leur intérêt; les *curiosités des glaciers*, comme on les appelle, doivent être soigneusement étudiées dans leurs moindres particularités, et les plus insi-

gnifiantes peuvent avoir, au point de vue scientifique, une importance considérable. Mais il n'en est
pas moins vrai que le fait capital, dominant, est le
mouvement de progression des glaciers, et que c'est
sur ce fait que doit reposer toute théorie glaciaire.

Au siècle dernier, alors que l'on connaissait seulement le mouvement d'ensemble de descente de là
masse, on songea tout naturellement à en attribuer
la cause à la gravité. Le glacier glisse sur sa pente,
entraîné par son propre poids, de la même manière
qu'un corps solide quelconque sur un plan incliné.
Altman et Grüner firent, dès 1751 et 1760, cette hypothèse, que Saussure adopta à la fin du siècle et à
laquelle il prêta quelque temps le poids de sa grande
autorité. L'illustre physicien et naturaliste supposait
que le glissement était aidé par l'interposition de
l'eau qui coule au-dessous du glacier entre les couches inférieures et le fond rocheux sur lequel il
repose. L'explication, admissible pour les parties les
plus basses, ne l'est plus pour les plus élevées, car
alors la glace du fond, sous l'influence d'une température inférieure à zéro, adhère au sol sous-jacent, et
cependant le mouvement de progression a été constaté dans les hauteurs du glacier comme dans le
bas. Une autre objection est celle-ci : la vitesse de
descente devrait croître avec l'inclinaison, tandis que
nous avons vu des glaciers tributaires aux pentes
très rapides se mouvoir plus lentement que le glacier
principal. La théorie du glissement suppose d'ailleurs que toute la masse se meut d'un bloc; elle ne
rend pas compte du mouvement inégal de ses parties,
des bords au centre, de la surface au fond.

La comparaison des glaciers aux rivières, dont la
vitesse d'écoulement varie de la même manière que
celle des diverses parties du glacier, a conduit les
savants à pousser plus loin l'analogie entre les deux

courants, fluide et solide. C'est la gravité qui entraine
les molécules liquides sur le lit incliné du fleuve, et
les diverses résistances qu'elles éprouvent sur les
bords, sur le fond, etc., expliquent alors les vitesses
inégales dont elles sont animées. Mais la glace est
solide et les particules qui la composent ne sont pas
libres; elles sont liées par une force de cohésion qui,
quand elle est vaincue par une force supérieure,
détermine une rupture, non un écoulement. Cependant on a supposé la glace douée d'une certane *plasticité*, analogue à celle des corps mous. Il parait que
Bordier (de Genève) a émis le premier cette idée, qui
passa d'abord inaperçue, et que l'évêque d'Annecy,
Rendu, a nettement indiquée dans son Mémoire sur
les glaciers (1840). « Il y a une multitude de faits,
dit-il, qui semblent exiger que nous accordions à la
glace des glaciers une sorte de ductilité qui lui
permet de se mouler sur le lit qu'elle occupe, de
s'amincir, de se gonfler et de se contracter comme si
c'était une pâte molle. » La théorie de la plasticité
ou de la viscosité des glaciers a été surtout développée par Forbes, dont les observations et les
nombreuses expériences ont tant contribué à faire
connaître, dans tous ses détails, le mouvement de
progression. Voici comment il la résumait : « Un glacier est un fluide imparfait, un corps visqueux, qui
est poussé en avant sur des pentes d'une certaine
inclinaison, par la pression naturelle qu'exercent ses
parties. » Parmi les preuves qu'il donnait à l'appui
de ses vues, outre celles qui résultent des lois du
mouvement différentiel des bords et du centre, etc.,
Forbes invoquait le fait de l'accélération de la vitesse
de descente pendant l'été, la température plus élevée
augmentant naturellement la plasticité de la glace.
La structure rubanée ou veinée (fig. 60) qu'on observe
à l'intérieur de la masse serait due, selon lui, aux

lignes de discontinuité qui proviennent des mouvements inégaux des diverses parties de cette masse, de leurs déplacements mutuels. Nous verrons plus loin quelles modifications ont été apportées à la théorie de la plasticité de la glace par les expériences de Christie, de Faraday et de Tyndall.

Un savant suisse, Scheuchzer (de Zurich), proposa dès 1705 une théorie du mouvement des glaciers, basée sur la dilatation que l'eau subit en se congelant. La glace des glaciers est sillonnée intérieure-

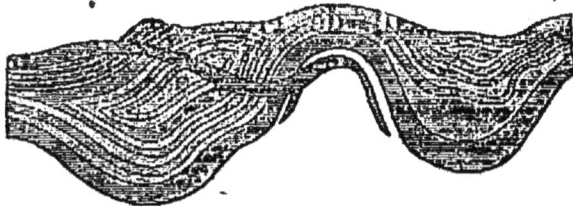

Fig. 60. — Structure veinée de la glace des glaciers.

ment de nombreuses fissures qui reçoivent l'eau de fusion de la surface. Au contact de la basse température interne de la masse, cette eau se congèle, se dilate. La force considérable ainsi développée par l'expansion de la masse entière du glacier tend à pousser ce dernier dans la direction de la moindre résistance ou, en d'autres termes, vers le fond de la vallée. Cette théorie de la dilatation, reprise par Charpentier, puis adoptée d'abord par Agassiz, fut combattue par Hopkins, qui, entre autres objections, lui opposa la suivante : « Le frottement sur son fond d'une masse aussi énorme que celle d'un glacier est si puissant, que la direction verticale serait toujours celle de la résistance moindre, et que, si cette masse venait à se dilater d'une manière considérable, par l'action de la gelée, elle aurait plus de tendance à augmenter son épaisseur qu'à accélérer sa marche descendante 1 » Agassiz, à la suite de nombreuses expériences sur la température interne de la glace à des profondeurs de 60 mètres, reconnut que cette température ne descend qu'exceptionnellement à 1 ou 2 degrés au-dessous de zéro, et que la congélation, chaque nuit, de l'eau d'infiltration est improbable. Il abandonna la théorie de la dilatation.

Forbes, en admettant la plasticité de la glace pour l'explication du mouvement différentiel des glaciers, n'avait point prouvé expérimentalement l'existence de cette propriété, que les recherches de Faraday, de Christie, de Tyndall, de Tresca ont mise hors de doute. Nous avons décrit, dans notre première partie, le phénomène du *regel*, et montré comment une masse de glace, comprimée dans un moule, et brisée par cette compression, se ressoude dans ses divers fragments, et finit par prendre la forme même du moule. La glace ainsi obtenue est compacte et ne diffère de celle qui a été employée pour la produire, que par la forme. Pour que l'expérience réussisse, il y a une condition indispensable : c'est que la glace sur laquelle on opère soit de la glace fondante; si sa température était notablement plus basse que celle de la fusion, la pression la transformerait en une poudre blanche, non en une masse compacte et translucide. D'autre part, il est démontré par les expériences de Thomson que la pression abaisse le point de fusion de la glace. En s'appuyant sur ces données de l'expérience, Tyndall a expliqué dans quel sens il fallait entendre les termes de *plasticité* ou de *viscosité* que Forbes appliquait à la glace des glaciers. La glace n'est en aucune façon ductile comme sont les corps mous; sous l'influence d'une force de tension qui tend à écarter ses molécules, elle ne cède point et

1. Lyell, *Principes de géologie*, t. II.

se brise, si la tension dépasse une certaine limite. C'est ainsi que nous avons vu se produire les différentes sortes de crevasses dans les glaciers. Mais, sous l'influence de la pression, de celle du poids de la masse glaciaire elle-même, la glace se brise, s'écrase; elle se liquéfie en partie, grâce à l'abaissement du point de fusion qui est la conséquence de la pression même. Elle peut donc céder, se resserrer ou s'étendre, selon les inégalités des gorges de son lit. Puis, en vertu du phénomène du regel, les fragments se ressoudent, forment à nouveau une masse compacte. En résumé, les glaciers ont toutes les apparences d'un corps visqueux, dont les diverses parties glissent les unes sur les autres ou à côté des autres, et sont animées de vitesses inégales dans leurs divers mouvements.

Cette théorie du mouvement des glaciers est généralement admise aujourd'hui. Elle a cependant été l'objet d'une grave objection de la part d'un compatriote de Tyndall, M. Henri Moseley. D'après ses calculs, la force de la pesanteur qui, en définitive, est ici la force motrice du glacier sur sa pente, est insuffisante pour rendre compte du mouvement différentiel de ses parties, du glissement des couches de glace les unes sur les autres [1]. L'intervention d'un

---

1. Cette objection nous semble assez importante pour que nous en donnions un résumé plus complet, d'après M. Moseley lui-même. « Le travail total des forces qui produisent le déplacement d'un corps ou d'un système de corps solidaires, dit ce savant, doit être au moins égal au travail total des résistances qui s'opposent à ce déplacement. Les résistances qui s'opposent au déplacement d'un glacier sont : 1° celle qui s'oppose au cisaillement d'une surface de glace sur une autre, déplacement qui se produit continuellement dans la masse totale, par suite du mouvement différentiel; 2° le frottement des couches de glace superposées les unes au-dessus des autres, plus considérable pour les couches inférieures que pour les supérieures; 3° l'arrachement de la glace dans le fond et sur les côtés du lit du glacier.

« Si le glacier descend sous l'influence seule de la pesan-

autre agent est donc nécessaire, et M. Moseley le
trouve dans la force vive de la radiation solaire qui,
en pénétrant dans la masse solide du glacier, se
transforme en mouvements moléculaires, en dilatations et contractions successives. Il assimile le glacier
à une lame de plomb posée sur un plan incliné et
exposée le jour à la chaleur du soleil, la nuit à la
radiation et au refroidissement qui en est la suite. Il
démontre que cette lame se dilate plus par en bas
que par en haut (à cause de l'influence de la pesanteur), se contracte plus par en haut que par en bas
pour la même raison, et finalement descend peu à
peu sur sa pente. La masse du glacier se conduit de
la même façon par l'effet de la pénétration et de la
sortie des rayons du soleil, des dilatations et des contractions qui en sont la conséquence. En calculant la
quantité de chaleur capable par sa transformation de
produire la quantité de travail nécessaire au mouvement réel d'un glacier, tel qu'il existe, par exemple,
à la Mer de Glace, M. Moseley trouve 0,0635 unité de
chaleur par chaque pouce carré de la surface, et par
jour. Elle équivaut à 61,25 unités de travail, valeur

---

teur, le travail effectué par son poids, lorsqu'il se déplace
d'une distance quelconque, doit être au moins égal à la somme
des travaux de toutes ces résistances. » Ayant fait ce calcul
pour un glacier imaginaire, d'une direction et d'une inclinaison constante et d'un lit uniforme, M. Moseley a trouvé
que la force nécessaire pour faire glisser un pouce carré de
glace sur un autre pouce carré ne doit pas dépasser une livre
un tiers pour que le glacier puisse descendre par son poids
seulement. Or l'expérience prouve que cette force (qu'il
nomme l'*unité de cisaillement*) est en réalité au moins 45 fois
et peut-être 90 fois supérieure. « Donc, conclut-il, un glacier
ne peut descendre par son propre poids sur une pente comme
celle de la Mer de Glace; la glace ne se déforme pas assez
facilement. Il faudrait qu'elle eût à peu près la consistance
d'un mastic mou, qui cisaille sous une pression d'une livre
et demie à trois livres par pouce carré. » (*Théorie de la descente des glaciers.*)

effective du déplacement à la hauteur des Ponts.
« Un glacier, dit-il, reçoit probablement une quantité
de chaleur beaucoup plus grande dans des journées
semblables à celles où l'on a observé les mouvements
qui servent de base à ces calculs. »

En résumé, on a cherché à expliquer le mouvement de progression d'un glacier en faisant intervenir
diverses forces : soit la pesanteur seule appliquée à
la masse en bloc — cette théorie est aujourd'hui
abandonnée; — soit en adjoignant à la pesanteur
diverses forces moléculaires : la dilatation provenant de la congélation de l'eau d'infiltration a donné
la théorie élaborée par Charpentier, admise, puis
abandonnée par Agassiz, et qu'un de nos savants
compatriotes alsaciens, M. Charles Grad, soutient
encore après l'avoir modifiée; la dilatation due à
l'action de la chaleur, que nous venons de résumer
en quelques lignes d'après Moseley; la viscosité ou la
plasticité, expliquée par le phénomène du regel et de
la surfusion, dont Rendu, puis Forbes et Tyndall se
sont faits les soutiens.

Il est probable que ces diverses causes intervien-
nent toutes dans le phénomène. Mais pour quelle
part? C'est ce qu'il serait assez difficile de dire dans
l'état actuel de la science.

CHAPITRE II

I

Glaciers des zones tempérées.

L'existence ou, si l'on veut, la production d'un glacier dans une région montagneuse, est subordonnée à une série de conditions, les unes orographiques, les autres météorologiques, qui, selon la mesure où elles sont remplies, font que les glaciers sont nombreux et étendus, rares et peu développés, ou encore manquent tout à fait dans la région considérée.

Pour qu'un glacier puisse se former dans un massif montagneux, l'altitude des sommets de la chaîne doit être telle, cela va sans dire, que la température de l'air y soit, toute l'année, inférieure à celle de la glace fondante. Cette altitude varie avec la latitude ou la position géographique de la région, comme nous l'avons dit en parlant de la limite des neiges perpétuelles. De 4 à 5 kilomètres sous l'équateur, cette limite arrive au niveau de la mer dans les régions voisines des pôles. Il faut en outre que,

Fig. 61. — La Mer de Glace, glacier du massif du mont Blanc.

sur les hauteurs où tombent les neiges, il existe des espaces assez vastes, assez peu escarpés, en un mot des cirques assez étendus pour que les neiges s'y accumulent et forment les champs de névé qui sont les véritables sources des fleuves de glace. Si l'inclinaison des pics est trop forte, les neiges s'écroulent à mesure qu'elles se forment; on a des successions d'avalanches, peu ou point de glaciers, ou simplement ce qu'on nomme, nous l'avons vu plus haut, des glaciers de sommets.

Voilà pour les conditions orographiques favorables à la formation des glaciers. Mais les conditions météorologiques sont encore plus importantes. Les neiges qui tombent pendant le courant de l'année, en hiver surtout, doivent être assez abondantes pour que les pertes provenant de l'évaporation et de la fusion laissent un excès de neige dans les cirques où se forme le névé. C'est cet excès annuel qui alimente le glacier ou compense les pertes dues à l'ablation. Tyndall exprime cette condition dans sa description des phénomènes dont la Mer de Glace est le siège, en disant : « Nous pouvons conclure avec certitude que, sur le plateau du col du Géant, *il tombe chaque année plus de neige qu'il n'en fond* [1] ».

L'abondance des chutes de neige est d'ailleurs subordonnée au régime des vents dominants qui soufflent dans la contrée, à leur direction, d'où dépend le degré d'humidité dont ils sont chargés. On a vu plus haut que la limite des neiges persistantes est plus élevée sur le versant nord de l'Himalaya que sur ses pentes méridionales : la raison en est que celles-ci reçoivent d'énormes quantités de vapeur d'eau qui se condensent en neige, grâce aux

---

1. *Les Glaciers et les transformations de l'eau.*

vents qui, soufflant de la mer du Bengale, amènent sur les flancs escarpés du midi de la chaine des masses d'air humide de plus en plus refroidi par son ascension. Aussi les glaciers sont-ils plus nombreux et plus étendus sur ce dernier versant que sur l'autre. Le massif des Alpes remplit toutes les conditions que nous venons d'énumérer; aussi l'on y compte plus de 1000 champs de glace, parmi lesquels une centaine au moins de glaciers principaux. Selon Schlagintweit, leur surface totale mesure plus de 3000 kilomètres carrés, et les seuls glaciers du mont Blanc, d'après les calculs d'Huber, comprennent au moins 14 milliards de mètres cubes de glace. Dans les Pyrénées, les conditions sont beaucoup moins favorables, et les glaciers sont relativement peu nombreux. Les Carpathes n'ont pas de glaciers, tandis que les monts du Caucase sont riches en champs de glace. « Toutefois, dit M. Élisée Reclus, à qui nous empruntons ces renseignements sur la distribution des glaciers, les glaciers du Caucase n'égalent point ceux des Alpes centrales pour la grandeur ni pour la beauté, ce qui provient sans aucun doute de la faible quantité de pluies et de neiges qui tombent dans cette partie de l'ancien continent, et des fortes chaleurs estivales qui s'y font sentir. »

II

Glaciers des Andes et de la haute Asie.

Dans la zone tropicale, les glaciers sont relativement rares et petits. Ce n'est qu'à partir du 33e degré de latitude sud que l'immense chaîne des Andes, dépourvue de glaciers sur 5000 kilomètres de longueur, du Venezuela jusqu'au centre du Chili, commence à se couvrir de champs de glace. Il est probable que, sous l'influence de la radiation solaire et de la sécheresse qui règne dans les hautes régions de cette chaîne, l'évaporation compense les chutes de neige annuelles sans laisser d'excédent capable d'alimenter des glaciers. On sait aussi que l'abondance des chutes de neige n'est pas en rapport avec l'altitude; dans les Alpes, il en tombe fort peu au-dessus de 3500 mètres, et c'est vers l'altitude de 2500 mètres qu'on observe le maximum.

Les glaciers de la haute Asie étaient encore inconnus il y a cinquante ans; les voyageurs qui avaient constaté l'existence de masses considérables de glace dans l'Himalaya, à des altitudes peu considérables, les avaient pris pour des débris d'avalanches. Vigne, en 1842, Strackey, en 1847, reconnurent les premiers les glaciers du Thibet et ceux de l'Himalaya. Voici, à cet égard, quelques détails empruntés au mémoire de R. de Schlagintweit sur la haute Asie; ils suffiront pour montrer quelle est la physionomie propre des glaciers de cette région comparée à celle des glaciers d'Europe ou d'Amérique :

« L'immense haute Asie nous est encore trop peu connue dans toutes ses diverses régions pour que je puisse me hasarder à donner l'énumération de tous ses glaciers de première grandeur : il est impossible de les compter. Il me suffira, pour le moment, de dire que le Karakorum renferme, sinon les plus nombreux, du moins les plus grands amas de glace de la haute Asie. Un des groupes les plus intéressants — nous avons eu occasion de le visiter — se trouve dans le voisinage immédiat du col de Sassar, sur la grande route de commerce de Leb à Yarkand. Les glaciers de Chorkonda et de Pourkoutsi, dans le

Balti, sont remarquables par leur escarpement, leur surface tourmentée, leurs puissantes crevasses. Le second, bien que moins étendu que d'autres glaciers, offre un panorama splendide, parce que, d'un seul point et d'un seul coup d'œil, on y embrasse de vastes surfaces congelées.

« Le capitaine Montgomerie, l'un des officiers chargés de la mensuration trigonométrique de l'Inde, savant que recommandent la conscience et la précision de ses travaux, dit que le glacier de Baltoro, dans la vallée de Brahaldo (Balti), a 36 milles anglais de long sur une largeur qui varie entre 1 mille et 2 milles et demi (58 kilomètres sur 1 kilom. 6 et 4 kilom.); chacune des pentes du Biafo donne naissance à un glacier, et les deux réunis forment un fleuve congelé et continu d'une longueur de 64 milles anglais (103 kilom.), se développant presque en ligne droite, sans autre interruption que les crevasses communes à tous les phénomènes de cet ordre.

« Comparés à ces glaciers, qu'on peut à bon droit appeler gigantesques, ceux des Alpes peuvent certainement être qualifiés de petits. Quant aux Andes, on n'y connaît pas, jusqu'à présent, de glaciers; on ne sait pas non plus avec certitude si quelques-unes des montagnes neigeuses de l'Afrique, le Kilimand-jaro, le Kénia en ont ou n'en ont pas. Pour ce qui me concerne, je ne vois rien cependant qui s'oppose à leur formation dans les Andes et dans les hautes montagnes d'Afrique.

« L'extrémité inférieure des glaciers de la haute Asie descend assez bas au-dessous de la limite des neiges éternelles, à 11 000, quelquefois à 10 000 pieds au-dessus du niveau de la mer, dans la chaîne de l'Himalaya. Quelques-uns des glaciers du Thibet descendent encore plus bas; celui de Bépho s'abaisse, fait vraiment exceptionnel, jusqu'à 9876 pieds (environ

2960 mètres). Ceux du Karakorum et du Kouen-Lun offrent les mêmes caractères que ceux de l'Himalaya et du Thibet. Un trait commun à tous, c'est qu'ils étaient autrefois bien plus étendus qu'aujourd'hui. »

III

Les glaciers polaires.

A l'époque actuelle, ce sont les terres voisines des pôles qui sont le domaine véritable des glaciers. Le Spitzberg, la Nouvelle-Zemble, le Groenland, l'Islande dans l'hémisphère nord, les terres antarctiques dans l'hémisphère sud, sont couverts de champs de glace [1], qui presque tous viennent déboucher dans la mer, détachant sur leur front des blocs énormes, lesquels, entraînés par les courants, forment les glaces flottantes et engloutissent dans les eaux, avec leurs rares moraines, tous les débris accumulés à leur surface dans leurs longs parcours.

1. Voici ce que dit des glaciers du Groenland notre éminent géologue M. Hébert : « Sur une largeur de 1300 kilomètres de l'ouest à l'est, et une longueur bien plus grande du nord au sud, ce vaste continent est enseveli sous une masse continue et colossale de glace permanente, à travers laquelle percent çà et là quelques cimes abruptes. Cette masse s'avance vers la mer d'un mouvement régulier, portant à sa surface ou dans son intérieur des blocs de rochers éboulés des montagnes dont elle longe les flancs. Quand elle atteint la mer, elle y pénètre sans se briser, raclant le fond qu'elle doit polir et entailler à des profondeurs plus ou moins considérables, et dont elle doit entraîner des masses argileuses ou sableuses qu'elle agglutine par la congélation. A la longue, la glace étant plus légère que l'eau, lorsqu'elle plonge assez pour flotter, il s'en détache de véritables montagnes, qui s'en vont à la dérive dans la mer de Baffin, s'avancent lentement vers le sud, diminuant de volume par la fusion, et semant en route la boue, les graviers et les rochers qu'elles apportent du nord. »

Fig. 62. — Glacier de Sermitsialik.

Sauf leurs dimensions, qui sont gigantesques, les glaciers polaires offrent les mêmes particularités que les glaciers de la zone tempérée : champs de névé, crevasses et moulins, mouvement de progression, etc.

Les glaciers du Spitzberg, s'ils présentent à peu près, ainsi qu'on vient de le dire, les mêmes caractères que les glaciers des Alpes, en diffèrent surtout par les proportions relatives de leurs dimensions en longueur et en largeur; ils sont généralement courts, tandis que par leurs dimensions transversales ils embrassent des espaces immenses. « Plusieurs d'entre eux, dit Reclus, occupent de promontoire à promontoire tout le littoral de vastes baies. Le plus vaste est sans doute celui de la côte orientale de la Terre du Nord-Est, que l'on croit, mais sans avoir encore pu le constater d'une manière précise, former une paroi glacée de plus de 100 kilomètres de longueur. Tout près de la pointe méridionale, un glacier présente sur la mer un front de 20 kilomètres; celui de Horn-Sound n'est guère moins large et, sur la côte occidentale, le glacier de Marckam, ceux d'Inglfield, de Negri, de Hochstetter, interrompent la ligne des côtes sur des espaces bien plus considérables. »

Tous ces glaciers viennent brusquement épancher dans les eaux de l'Océan leurs masses cristallines. Là des blocs énormes s'en détachent, entraînés, partie par leur propre poids sur les pentes inclinées du lit sous-marin, partie par le choc répété des vagues qui battent et rongent leurs bases : aussi leur front se termine-t-il par des parois verticales qui permettent d'étudier la structure de la glace qui les a formés. « On voit nettement les bandes de neige durcie, inégales en dureté, en transparence, en teintes blanchâtres et azurées; les ondulations des couches indiquent en quel sens s'est fait le mouvement du glacier; la masse tout entière s'avance

Fig. 63. — Glacier d'Henriette (côte nord-occidentale du Groenland)

lentement au-dessus des flots en présentant à la mer
sa haute paroi bombée vers le milieu par le courant
qui l'entraîne. Tandis qu'en Suisse la tranche des
glaciers, à l'endroit de leur chute, est en moyenne
de 10 à 25 mètres, la paroi verticale des glaciers du
Spitzberg se dresse à 69, à 80, à 100 mètres, et même
on a mesuré 121 mètres de hauteur pour le mur
terminal du glacier de Horn-Sound. Baignés par les
eaux tièdes que les courants d'origine tropicale amènent sur les rivages du Spitzberg, et qui ont en
moyenne une température de 4 degrés centigrades,
les glaciers de la côte occidentale ne peuvent
s'avancer sur le fond même de la mer, en dehors du
lit émergé qui les encaisse : toute la partie qui
baigne se fond rapidement, et la face inférieure du
glacier marque la hauteur précise à laquelle s'est
arrêtée la marée montante. Mais à l'heure du reflux
toute la masse projetée en avant se trouve sans appui,
longtemps elle résiste grâce à la cohésion de ses parties; soudain un craquement se fait entendre, suivi
du tonnerre de la chute : tout un pan de la muraille
glacée s'est abîmé dans la mer. Le flot, refoulé par
l'écroulement, revient en masses écumeuses se heurter
contre le glacier; vagues et glaçons s'entrechoquent
et se confondent; puis, quand le bouillonnement de
l'eau s'est apaisé, on voit les blocs flottants naviguer
de conserve en se balançant sur les vagues : on dirait
une troupe de personnages fantastiques cheminant
vers la haute mer. » Ce sont, on l'a vu déjà plus haut,
ces blocs détachés des glaciers polaires, que l'on
nomme des icebergs; mais lorsqu'ils furent ainsi
dénommés par les premiers navigateurs hollandais et
anglais, surpris de voir ces murailles de glace colossales dépasser en hauteur les mâts de leurs navires,
leur origine n'était pas soupçonnée; on ignorait qu'ils
étaient le produit des glaciers de l'intérieur des terres.

D'après Ch. Martins, qui en a fait une étude appro-
fondie, la surface des glaciers du Spitzberg est unie
le plus souvent; on n'y voit pas ces aiguilles, ces
prismes de glace qu'on aperçoit dans les glaciers des

Fig. 61. — Crevasses d'un glacier polaire; ruisseau sur l'Inlandsis
(d'après Nordenskiöld).

Alpes; cela vient de ce que leurs pentes sont peu
inclinées. Mais, comme les glaciers de la Suisse, ceux
du Spitzberg présentent des crevasses transversales
souvent fort larges et fort profondes. Les grottes terminales de l'Arveiron (aujourd'hui disparues, voir
p. 180), du glacier des Bois près de Chamounix, des
glaciers de Grindelwald et de Rosenlaui ne sont que
des miniatures, selon M. Ch. Martins, si on les compare aux cavernes qui s'ouvrent dans les escarpements des glaciers du Spitzberg, là où ils s'avancent

dans la mer. « Un jour, dit-il, que j'avais pris des
températures de la mer devant le glacier de Bell-
Sound, je proposai aux matelots qui m'accompa-
gnaient d'entrer avec l'embarcation dans une de ces
cavernes. Je leur exposai les chances que nous cou-
rions, ne voulant rien tenter sans leur assentiment.
Ils furent unanimes pour accepter. Quand notre
canot eut franchi l'entrée, nous nous trouvâmes dans
une immense cathédrale gothique; de longs cylindres
de glace à pointe conique descendaient de la voûte,
les anfractuosités semblaient autant de chapelles
dépendantes de la nef principale; de larges fentes
partageaient les murs, et les intervalles pleins
simulant des arceaux s'élançaient vers les cintres;
des teintes azurées se jouaient sur la glace et se reflé-
taient dans l'eau. Les matelots, tous Bretons, étaient,
comme moi, muets d'admiration. Mais une contem-
plation trop prolongée eût été dangereuse; nous rega-
gnâmes bientôt l'étroite ouverture par laquelle nous
avions pénétré dans ce temple de l'Hiver, et, reve-
nant à bord de la corvette, nous gardâmes le silence
sur une escapade qui eût été justement blâmée. Le
soir, nous vîmes du rivage notre cathédrale du matin
s'incliner lentement, pour se détacher du glacier,
s'abîmer dans les flots, et reparaître émiettée en mille
fragments de glace que la marée descendante entraîna
vers la pleine mer [1]. »

Les moraines latérales et médianes sont peu appa-
rentes sur les glaciers du Spitzberg; cela tient au peu
d'élévation des montagnes voisines, qui sont comme
ensevelies sous leur masse; leur pointe seule fait
saillie, de sorte qu'il tombe une petite quantité de
débris. « Quant aux moraines terminales, c'est au fond
de la mer qu'il faut les chercher, puisque l'escarpe-

---

1. *Du Spitzberg au Sahara*, par Ch. Martins.

ment terminal la surplombe presque toujours : ainsi
les blocs de pierre tombent avec les blocs de glace et

Fig. 65. — Crevasses du glacier de Sermitsialik.

forment une moraine frontale sous-marine dont les
deux extrémités sont parfois visibles sur le rivage.

M. O. Torell a remarqué que partout, près de la côte
du Spitzberg, le fond de la mer se composait de blocs
et de cailloux, rarement de sable ou de limon. Le
même observateur a retrouvé sur les glaciers du
Spitzberg toutes les particularités notées sur ceux des
Alpes : la stratification de la glace, les bandes bleues
et l'action sur les roches encaissantes, qui sont arrondies, polies et striées comme celles de la Suisse. »

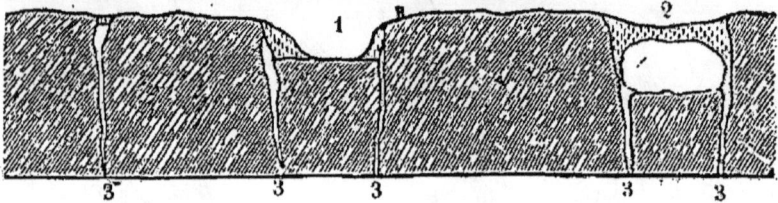

Fig. 66. — Coupe d'un glacier polaire, d'après Nordenskiöld : 1, canal du
glacier coulant à ciel ouvert; 2, canal recouvert par une couche de
neige; 3, crevasses.

Les glaciers de la Nouvelle-Zemble, du Groenland
sont également remarquables par leurs profondes
crevasses, si dangereuses pour le voyageur qui se
hasarde à explorer la surface avant le commencement
de la fonte des neiges d'hiver. Alors, en effet, comme
dans les glaciers des Alpes, mais sur une échelle
beaucoup plus vaste, de fragiles ponts de neige dissi-
mulent les abîmes, et cela « si complètement, dit
Nordenskiöld, que le voyageur peut s'approcher de
très près sans soupçonner qu'un pas de plus l'en-
traînerait dans une chute mortelle. Si, après s'être
prémuni contre le danger de tomber dans les crevasses, on s'avance sur les champs de neige avec
l'idée qu'on pourra cheminer aisément sur leur surface, unie en apparence, on ne tarde pas à reconnaître
son erreur; à certains endroits, en effet, le glacier
est de toutes parts sillonné de vallées étroites, coupées de crevasses et bordées de murs à pic, hauts
parfois de 15 mètres. Impossible alors de passer; il

faut, au prix de détours infinis, chercher un endroit
où la neige ait comblé ces creux. En été, après la
fonte, l'aspect est tout autre. La neige a disparu, et
la surface bleuâtre de la glace apparaît, maculée par

Fig. 67. — Crevasses et ruisseaux sur un glacier du Groenland.

une poussière grise, mêlée d'argile, que le vent et la
pluie ont sans doute apportée des montagnes d'alentour. Au milieu de ces poussières, et même immédiatement sur la glace, on remarque parfois des orga-
nismes de végétaux inférieurs. Les déserts glacés des
contrées polaires ont en effet leur flore spéciale, qui,
toute infime qu'elle est, n'en forme pas moins un
puissant facteur pour l'issue du combat qui, chaque
année, depuis des siècles, s'y livre entre le soleil et

la glace. L'argile, de couleur sombre, et les parties foncées des plantes absorbent la chaleur beaucoup mieux que la glace, et contribuent puissamment à amener sa fusion; ces matières creusent de cette façon des trous cylindriques, dont la profondeur varie de 30 à 60 centimètres, et la largeur, de quelques millimètres à un mètre. La surface de la glace se trouve, par là, déchiquetée et labourée dans tous les sens. » Après la fonte des neiges, les crevasses que masquaient les ponts restent à découvert, laissant voir leurs parois, dont la teinte et les reflets bleuâtres se perdent à une profondeur insondable. Des dépressions, des rigoles se forment à la surface du glacier, que parcourent mille ruisseaux torrentueux, larges parfois comme de véritables rivières. Des lacs reçoivent les eaux de ces torrents, eaux qui vont elles-mêmes se perdre par des écoulements souterrains sous des voûtes de glace de milliers de pieds d'épaisseur.

C'est au niveau de la mer, au fond des fiords où aboutissent leurs lits, que les glaciers polaires se terminent; le plus souvent leur front s'avance au-dessus de l'eau, qu'il surplombe. La température de l'eau de la mer, en été, est un peu supérieure à zéro; elle fond la glace et mine ainsi le glacier par sa base. A la fin, la masse surplombante de glace, n'étant plus soutenue, s'écroule, et c'est ainsi que se détachent ces blocs immenses qui deviennent les glaces flottantes des mers polaires.

« L'extrémité inférieure de ces courants de glace, dit Nordenskiöld, affecte trois formes différentes. Tantôt le glacier forme une chute torrentielle de *séracs*; l'amas glaciaire, disloqué et émietté, se creuse alors, en s'écoulant avec assez de rapidité, un sillon étroit, aux parois escarpées, où les blocs se pressent les uns sur les autres avec un fracas de tonnerre, et où pas-

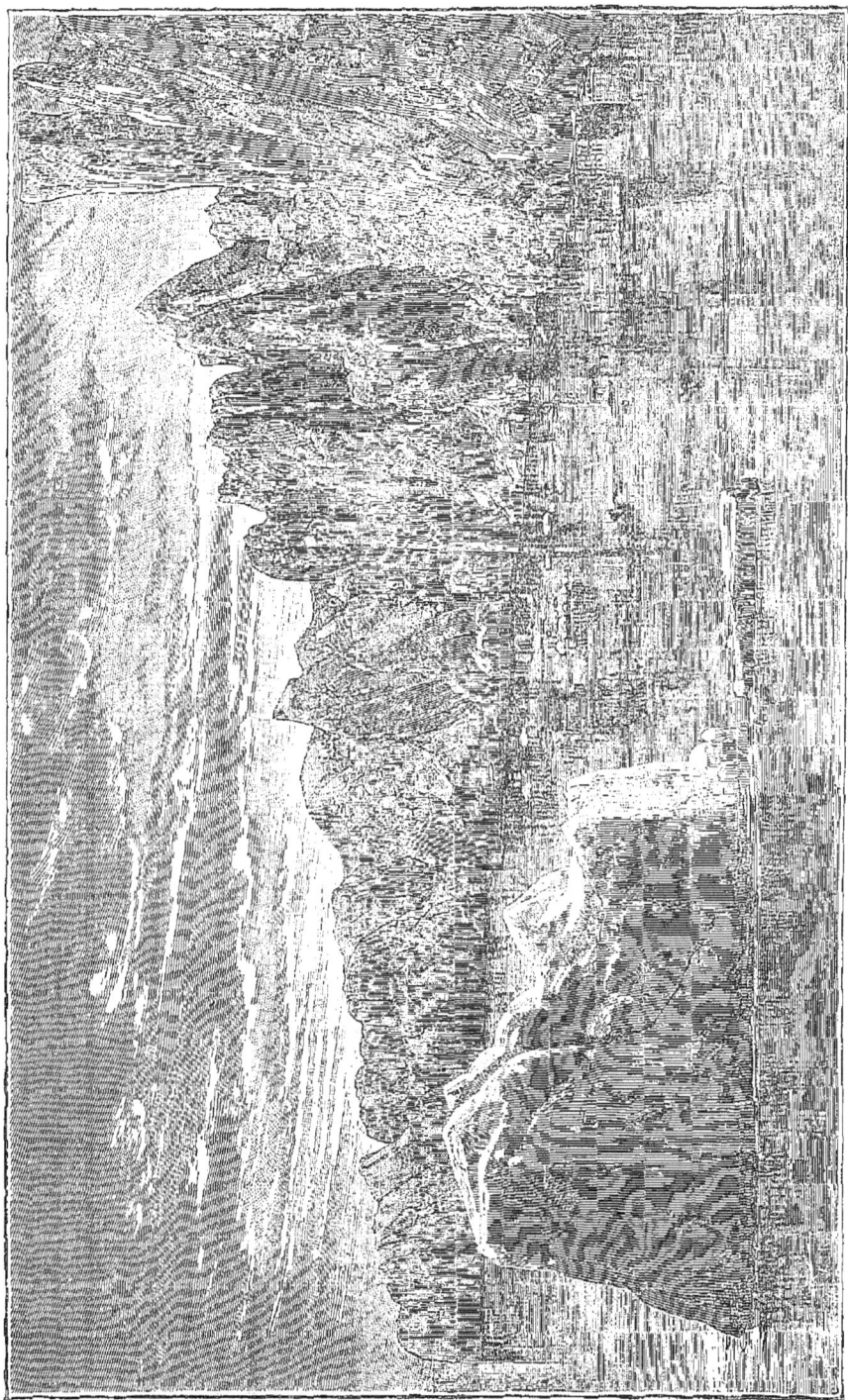

Fig. 68. — Front du glacier de Sermitsialik (Groenland).

sent, par centaines et par milliers, de véritables *icebergs* de dimensions gigantesques. D'autres fois, le glacier figure une large nappe qui, cheminant lentement, se termine du côté de l'Océan par un escarpe-

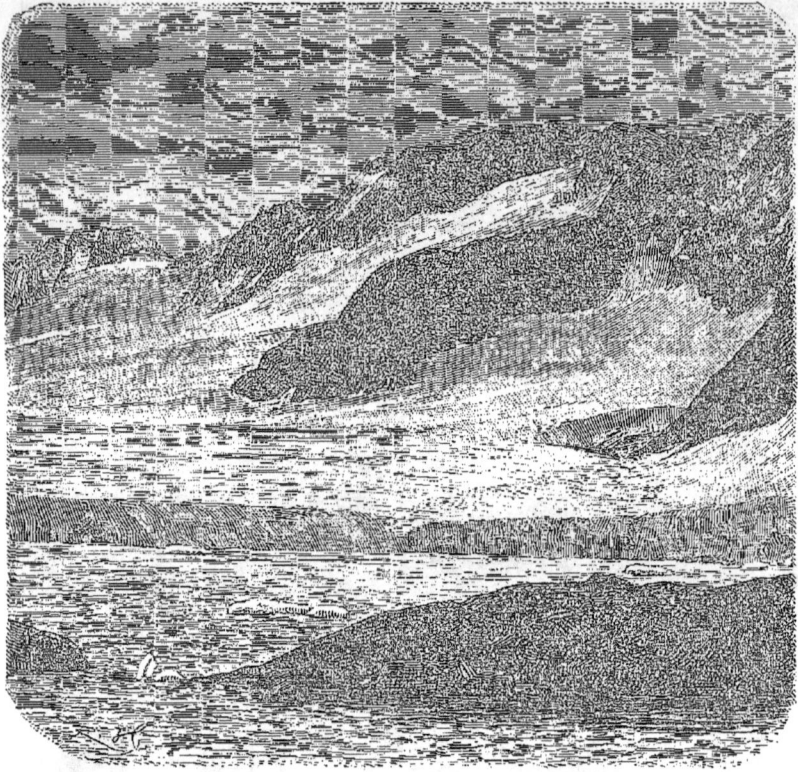

Fig. 69. — Glacier à pentes douces, sur la côte occidentale du Spitzberg (Foulbay).

ment régulier d'où se détachent de temps en temps de grands morceaux de glace (*isblock*), mais jamais de véritables *icebergs* au sens propre du mot. En troisième lieu enfin, il y a des glaciers de petite dimension, dont la marche est tellement lente, que la fusion des glaces du rebord est presque aussi rapide que le mouvement de progression de la masse entière; dans ce cas, au lieu de finir au rivage par une pente abrupte, ils présentent un talus glaciaire couvert de sable, de gravier et d'argile [1]. »

Dans l'époque géologique actuelle, il n'existe en réalité, à la surface du globe terrestre, que deux zones glaciaires, à savoir les deux calottes comprises entre les pôles et les cercles polaires, arctique et antarctique. Les systèmes glaciaires des Alpes, du Caucase, de l'Himalaya, etc., ne sont que des îlots, des archipels tout au plus, des épaves si l'on peut dire, des continents de glace qui ont recouvert jadis une bonne partie des continents actuels. Comment est-on arrivé à établir cette vérité et à reconstituer un état de choses aussi différent de celui qui caractérise notre époque, c'est ce que nous allons essayer de faire voir dans le chapitre qui suit.

1. *Voyage de la Vega*, t. I.

CHAPITRE III

I

Traces des anciens glaciers : roches striées et polies; moraines et blocs erratiques.

C'est en étudiant les mouvements des glaciers actuels et leurs effets qu'on a pu reconnaître et recueillir peu à peu les témoignages qui prouvent l'existence antérieure de glaciers aujourd'hui disparus, dans des contrées dont la physionomie, le climat paraissent exclure la possibilité d'une telle hypothèse.

On a vu plus haut que l'épaisseur de la masse mobile, ce qu'on nomme la *puissance* d'un glacier, est souvent considérable et peut se compter par centaines de mètres; on évalue à 400 mètres en moyenne celle du glacier de l'Aar. La pression que de telles masses exercent sur le fond rocheux qui les supporte est donc énorme; le frottement continu, répété pendant des siècles, de la glace sur la roche, use, nivelle et polit cette dernière, au point que, comme le dit M. Ch. Martins, « le poli est souvent aussi parfait que celui des marbres qui ornent nos édifices ». Mais, comme entre la surface inférieure du glacier et les roches du fond est interposée une couche d'eau mêlée de cailloux, de sable plus ou

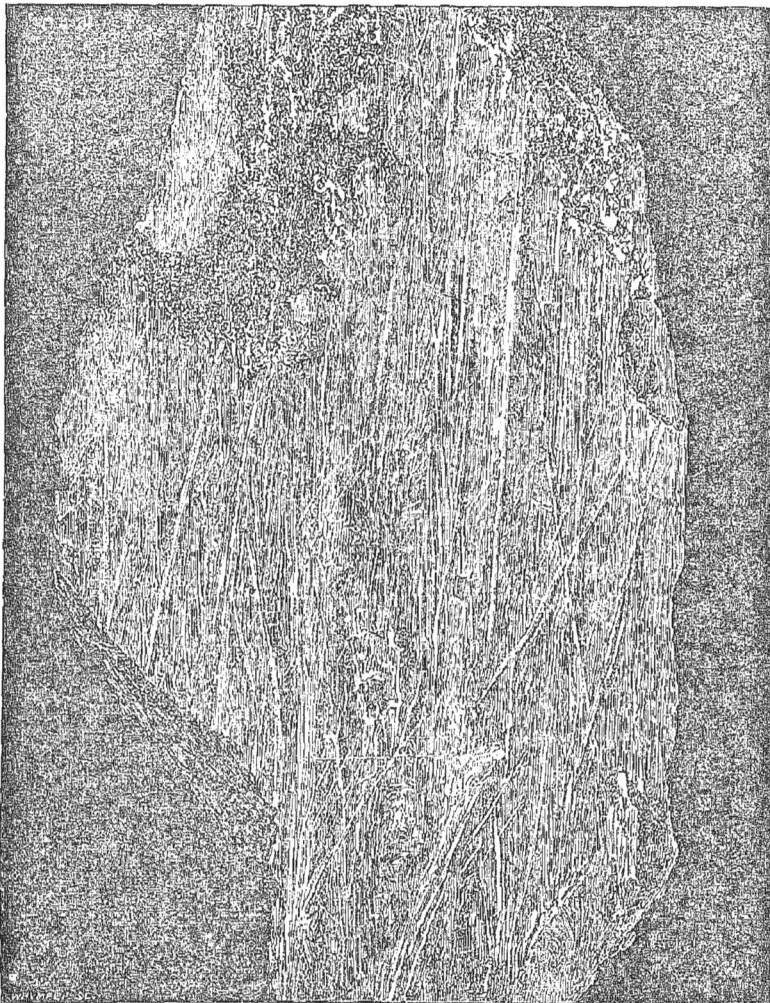

Fig. 70. — Stries glaciaires.

moins fin, dont les fragments servent au polissage comme les grains d'une poudre d'émeri, il en résulte que ces roches sont en outre sillonnées de stries rectilignes, dans la direction du mouvement

16

ou de l'axe du glacier. C'est ce qu'il est aisé de constater lorsqu'on pénètre sous les arcades de glace qui le terminent ou sous les cavernes qui s'ouvrent parfois sur ses bords. Du reste, les roches latérales qui encaissent le lit du glacier sont soumises à une action mécanique semblable et sont également striées et polies. Les stries ainsi burinées sur les parois sont alors à peu près horizontales, c'est-à-dire parallèles à la surface de la glace; parfois cependant elles se redressent en se rapprochant de la verticale, et cette déviation s'observe précisément aux points où le lit se rétrécit et où la masse du glacier, pour franchir ces passes qui font obstacle à son mouvement, est obligée elle-même de se relever, de sorte que les stries sont toujours en définitive parallèles à la direction du mouvement.

Les roches polies et striées par l'action mécanique des glaciers en mouvement sont celles qui sont assez dures et résistantes pour n'être pas broyées sous l'énorme pression de la masse qu'elles supportent; les autres, réduites en fragments ténus, se mêlent aux eaux, qu'elles rendent boueuses, ainsi que sont ordinairement les eaux des torrents que les glaciers alimentent. C'est d'ailleurs toujours sur leurs faces tournées vers l'amont que les roches sont polies; vers l'aval, elles conservent leurs aspérités et leurs formes abruptes. De loin, les groupes de roches ainsi arrondies des anciens glaciers prennent l'aspect d'un troupeau de moutons, et c'est là ce qui leur a fait donner le nom de *roches moutonnées*, sous lequel elles sont connues dans la science.

Voilà donc un premier caractère auquel on peut reconnaître qu'une vallée, aujourd'hui libre, a été recouverte jadis par un glacier. Dans ce cas, les roches latérales de l'ancien lit ainsi que celles qui en formaient le fond sont polies et striées, et la direc-

tion commune des stries indique le sens dans lequel
se mouvait l'ancien fleuve de glace. L'existence de
roches moutonnées offre un témoignage semblable
de son action. De même, en suivant les traces si
caractéristiques de cette action mécanique dans les
vallées des glaciers d'aujourd'hui, on peut se rendre
compte de leur ancienne extension. C'est ainsi que
l'on voit aujourd'hui, sur les rochers qui forment le
promontoire de l'Angle, sur le côté oriental de la
Mer de Glace, les stries burinées par la glace, non
seulement entre le glacier et les parois de granite
qui l'encaissent, mais à une grande hauteur au-dessus de la surface, à 300 mètres d'élévation, affirme
M. Martins. La puissance du glacier était donc jadis
incomparablement plus grande qu'aujourd'hui, d'où
la conséquence que sa longueur l'était également,
puisque les trois dimensions d'un glacier sont entre
elles dans une dépendance nécessaire.

Il est un autre caractère non moins authentique
soit de l'existence d'un ancien glacier dans une
région qui en est aujourd'hui dépourvue, soit de
l'extension jadis plus considérable d'un glacier
actuel. Ce sont les *blocs erratiques*. On nomme ainsi
les roches qui ont fait partie des moraines latérales,
médianes ou terminales, et que dans sa lente et irrésistible progression le fleuve de glace avait charriées
loin du point où elles étaient tombées à sa surface,
puis déposées sur place, lorsque, par suite de circonstances météorologiques spéciales, la glace qui
les portait avait disparu. Nous allons montrer par
un exemple comment il n'est pas possible de con-
fondre les blocs des anciennes moraines avec les
roches avoisinantes. Nous l'empruntons à l'intéressante et savante étude que M. Ch. Martins a consacrée aux extensions antérieures de la Mer de Glace. A
la plus récente de ces extensions, la moraine termi-

nale du glacier occupait le point où se trouve actuellement le village de Chamounix, en partie bâti aux
dépens des blocs erratiques dont cette moraine était
formée. « Où est, dira-t-on, la preuve que les blocs
erratiques de la moraine de Chamounix y ont été
déposés par la Mer de Glace? N'est-il pas plus naturel
de supposer qu'ils sont descendus du Brévent, dont
les éboulements continuels menacent sans cesse le village et forment le grand delta incliné dont il occupe
l'angle oriental? La réponse est facile. Le Brévent
est une montagne de gneiss, et la presque totalité
des blocs de la moraine sont de la protogine, espèce
de granite caractéristique qui constitue la masse du
mont Blanc et celle des aiguilles environnantes. »

Ce qui distingue encore les blocs erratiques déposés
par les anciens glaciers des roches qui auraient pu
être entraînées loin de leur lieu d'origine par les
eaux, ce qui les différencie pareillement des roches
qui ont subi l'action des glaciers, c'est qu'ils ont conservé leurs formes abruptes, les angles aigus, les
arêtes vives qu'ils possédaient à l'époque reculée où
ils se sont détachés des cimes qui dominent les
champs de névé. Ayant en effet toujours cheminé à la
surface du glacier, leur transport s'est effectué sans
qu'ils aient eu à subir de frottement sur aucune de
leurs faces. Tout au plus ont-ils été endommagés par
l'action des intempéries, mais sans qu'il puisse en
résulter aucun changement qui les différencie sous le
rapport de leur aspect extérieur.

II

Progrès et recul des glaciers.

Laissant de côté cette question, si intéressante
pour l'histoire de la Terre, de l'ancienne extension

des glaciers, disons quelques mots de ce qu'on sait
de leurs variations actuelles. C'est le plus souvent
en étudiant les phénomènes contemporains, et en
recherchant leurs causes, que la science est amenée
à découvrir les causes probables des phénomènes
antérieurs, quelque longue que soit la durée des
temps écoulés depuis l'époque où ils ont eu lieu.

Tous les observateurs qui dans ce siècle ont
étudié les glaciers des Alpes, s'accordent à reconnaître que leurs dimensions sont sujettes à des variations alternatives; que tantôt ils avancent dans la
vallée où se termine leur extrémité inférieure, tantôt
au contraire ils reculent en abandonnant leur moraine frontale. Ces phénomènes de progrès et de
recul paraissent se faire simultanément dans le
même sens pour tous les glaciers d'une même contrée; mais le plus souvent à une période de progression qui dure plusieurs années succède une période
opposée ou de recul non moins longue. « Depuis dix
ans que j'explore les Alpes, disait M. Grad en 1874 [1],
presque tous les glaciers sont en décroissance; en
Suisse et dans le Tyrol, comme du côté de l'Italie.
En 1868, j'ai trouvé le glacier de Rosenlaui à une
demi-lieue en arrière de sa dernière moraine frontale [2]; à la même époque, le glacier inférieur de

---

1. *Annuaire du Club Alpin français*, 1re année.

2. « Lors d'une de nos dernières promenades dans les
hautes Alpes bernoises, nous fûmes frappés du changement
de scène survenu à Rosenlaui, dans la vallée étroite et boisée
de Reichenbach qui mène de Myringen au Grindelwald, par le
col de la grande Scheideck. Le petit glacier qui y descend
des flancs du Wetterhorn, et qui paraît être d'origine très
récente, était en progrès lorsque Agassiz et Desor s'y rendirent, il y a quarante ans. Il nous offrit en 1850 un spectacle
charmant : semblable à une falaise de cristal, il s'avançait au
milieu des arbres verts, des broussailles, des fougères et des
fleurs alpines, jusqu'auprès du petit pont situé près de la
vieille auberge où les touristes s'arrêtent d'ordinaire; on y

Grindelwald s'était retiré de 575 mètres en ligne droite depuis 1855, et le glacier supérieur de 398 mètres. Le glacier de Viesch avait subi en 1869 une réduction de 600 mètres; celui du Rhône de 150 mètres, et le glacier de Gorner, au pied du mont Rose, de 60 mètres environ. Dans la vallée de Chamounix, le glacier des Bois a reculé de 698 mètres dans l'intervalle de juin 1851 à la fin de l'été 1871, et le glacier des Bossons de 596 mètres dans le même espace de temps. Sur les glaciers du versant italien et dans le Tyrol, j'ai reconnu pendant les trois dernières années des réductions non moins considérables. »

Dans la période antérieure on avait, au contraire, signalé l'avance de plusieurs glaciers de la même région. Ainsi du glacier de l'Aar, dont Agassiz en 1845 évaluait l'envahissement à 800 mètres, en comparant sa situation à celle que lui assignait une carte dressée en 1740. Le glacier d'Aletsch, en 1848, s'élargit au point de déraciner et de broyer, sur une longueur de plusieurs kilomètres, des sapins séculaires, et de démolir des habitations fort anciennes.

Ces mouvements de progression et de recul se font le plus souvent avec lenteur. On cite toutefois un glacier du Tyrol qui s'avança en douze jours de 120 mètres, intercepta le passage des eaux d'une

arrivait sans peine, et, en pénétrant sous une voûte transparente et azurée qui donnait issue à un torrent impétueux, on pouvait s'y enfoncer profondément. Mais quand nous retournâmes dans ce lieu vingt ans après, toute la partie inférieure du glacier de Rosenlaui avait disparu en laissant à sa place un long amoncellement de blocs rocheux et d'autres débris informes; pour y arriver il fallait monter très haut sur le flanc de la montagne, et là son aspect n'offrait rien qui rappelât sa beauté passée. » (*Recherches sur les variations périodiques dans l'état des glaciers de la Suisse. Bulletin de l'Association scientifique,* 1881.)

vallée voisine et, après avoir formé ainsi un lac,
détermina une inondation par la rupture de cette
digue temporaire.

Un savant suisse, M. Forel, s'appuyant sur les
recherches historiques d'un ingénieur du canton de
Vaud, M. Venetz, et sur des observations récentes, a
étudié ces phénomènes d'un si grand intérêt, dans le
but d'en rechercher les causes météorologiques et
physiques. Il a reconnu que les variations des glaciers embrassent une période d'années généralement
grande, de cinq, dix, vingt années et plus [1]; le mouvement en avant est parfois séparé du mouvement de
recul par une période où le glacier reste stationnaire.
Mais dans aucun cas la variation n'est simplement
annuelle : quand un glacier est en retraite, il recule
constamment, sans aucune alternative de marche en
avant. Il est probable que la même loi préside au
mouvement du glacier pendant sa période de progression, mais les faits manquent pour prouver cette
dernière continuité. Le glacier du Rhône, en retraite
depuis 1857, n'a présenté depuis cette époque jusqu'en 1880 aucune trace indiquant un mouvement
en avant. Une constatation pareille a été faite sur le
glacier des Bois, de 1854 à 1878, sur celui des Bossons, de 1854 à 1875, sur celui de Grindelwald, de

---

1. Dans l'intervalle de 340 ans qui sépare 1540 de 1880, le
glacier de Grindelwald a subi une série de retraites et
d'avances périodiques, dont les dates, retrouvées dans les
archives locales, prouvent avec évidence la première loi formulée par M. Forel. Voici ces dates :

De 1540 à 1575, grande retraite.
De 1575 à 1602, grand progrès en aval.
De 1602 à 1620, état à peu près stationnaire, le glacier restant fort avancé.
De 1665 à 1680, période de retraite.
En 1703, maximum d'avancement.

En 1720, maximum de retraite.
En 1743, maximum d'avancement.
En 1748, maximum de retraite.
De 1770 à 1778, marche en avant.
En 1819, état de grande progression, qui se prononce de nouveau en 1840.
De 1855 à 1880, période de retraite.

1854 à 1880. Quant au mouvement en arrière du glacier du Rhône, pendant les vingt-quatre ans qu'il a duré [1], le recul annuel a varié de 25 mètres à 70 mètres.

Les traces d'anciens glaciers se rencontrent partout en abondance dans les vallées des Vosges, d'Alsace et de Lorraine : moraines frontales ou latérales, roches moutonnées et polies, blocs et cailloux striés indiquent partout l'action des masses glaciaires qui emplissaient ces vallées à une époque relativement récente, puisque les moraines frontales les plus avancées reposaient sur les alluvions fluviatiles anciennes. Selon M. Grad, le dépôt du lehm en ces régions est contemporain de l'ancienne extension des glaciers. « On a découvert, dit-il, des ossements humains à Lahr, dans le pays de Bade et à Eguisheim, en Alsace, accompagnés de débris de mammouth, de bison, de cerf géant. L'homme a donc vécu dans notre pays lors de l'existence des grands glaciers, aujourd'hui disparus, dont nous venons de visiter les derniers vestiges. »

Le même savant décrit en termes d'un saisissant intérêt le contraste de l'état actuel des contrées qui constituent le massif des Vosges avec la physionomie qu'il devait présenter à l'époque glaciaire :

« Des glaciers à l'intérieur de nos Vosges d'Alsace et de Lorraine ! Mais qui donc croirait, à l'aspect de ces vallées si riantes, avec leurs fraîches cultures et leurs prés verdoyants, qui penserait que d'énormes amas de glace remplissaient naguère ces sites gra-

---

1. La période de recul que nous constatons ici et qui paraît avoir eu une durée approximative d'un quart de siècle, est généralement terminée aujourd'hui; depuis quelques années, plusieurs des glaciers de la Suisse commencent à avancer de nouveau. Tels sont les glaciers des Bossons, du Schalhorn, des Bois, de Trient, de Zigiornove, de Giétroz.

cieux, que des champs de neige s'étendaient à perte de
vue sur ces montagnes, parées maintenant sous nos
yeux de forêts magnifiques, que des frimas destruc-
teurs étreignaient et désolaient, avec les glaciers et
les neiges, d'un bout de l'année à l'autre, ce sol où la
vie s'épanouit comme un sourire sous la tiède haleine
du printemps? Voyez ce courant d'eau qui domine
là-bas de capricieux méandres sous l'ombre des peu-
pliers et des aunes; son onde babillarde, limpide,
glisse lentement le long des rives en fleurs; des
groupes de faneuses retournent, en chantant, au soleil
le foin parfumé, pendant que le flot court mouvoir
les roues des usines, dont l'actif bourdonnement
monte au ciel comme un hymne du travail. A côté
des grandes usines, un village populeux, de coquette
apparence, se presse autour de son clocher; un cadre
vaporeux de hautes cimes boisées domine le village;
plus loin, les coteaux revêtus de pampre distillent le
vin; la brise fait onduler à leurs pieds des champs de
blonds épis, où la locomotive siffle et passe avec son
panache de fumée, avec sa file de wagons plus rapide
que la rivière, roulant de nouvelles richesses sur la
voie ferrée; tout respire le mouvement, l'abondance,
le bonheur. Ce tableau est maintenant celui de toutes
nos vallées des Vosges ou de l'Alsace. Comme il contraste avec l'aspect des mêmes lieux à l'époque où
les glaciers, descendus des montagnes, couvraient de
leur masse froide l'emplacement des champs cul-
tivés, des actives usines et des villages, traînant sur
leurs flancs de longs amas de débris, écrasant à leur
extrémité quelques arbres chétifs sous les rochers
entassés, laissant échapper, à travers ce dédale de
blocs nus et de troncs broyés, un torrent chargé de
boue sous un ciel brumeux. Triste solitude, refuge
des ours et des vautours, où venaient rarement
s'aventurer quelques hommes vêtus de peaux de

bêtes, affamés, misérables, après avoir cherché une
subsistance incertaine dans les forêts de l'Ill et du
Rhin, à la chasse de l'aurochs, du renne, de l'éléphant à crinière. Témoins de la présence des grandes
glaces sur notre sol, ces hommes, peut-être nos
pères, ont vu disparaître ces glaces et la nature subir
de prodigieux changements sans nous en transmettre
le souvenir. Mais, dans le silence des traditions
humaines, les pierres parlent pour révéler les mys-
tères du passé inconnu [1]. »

Les phénomènes de progression et de recul des
glaciers une fois bien constatés, on en a dû chercher
la cause, et la première idée, la plus naturelle, a été
de les attribuer aux circonstances météorologiques,
aux variations de la température et de l'état hygrométrique de l'air, des quantités annuelles d'eaux
météoriques, pluies, neiges, etc., et à leur influence
sur le phénomène de l'ablation. Les dimensions d'un
glacier, longueur, largeur, épaisseur, varient simultanément. Si les conditions météorologiques sont
telles que la fusion superficielle soit abondante,
l'épaisseur diminuera ; il en sera de même de la longueur, et le front du glacier éprouvera un recul ; il
éprouverait une avance dans des conditions opposées.
Mais cette explication, qui paraît si naturelle, se trouve
en contradiction avec l'observation. En effet, dans cette
période commune et continue de retraite des glaciers
de la Suisse qui a duré, on vient de le voir, pendant
un quart de siècle environ, les principaux facteurs
dont dépend l'ablation et que nous venons d'énumérer, ont été tantôt au-dessus, tantôt au-dessous de
la moyenne normale, sans que le mouvement de
recul ait subi d'alternatives. Les variations annuelles

---

1. Ch. Grad, *le Massif des Vosges.* (*Annuaire du Club Alpin*, 1874.)

de l'ablation sont donc insuffisantes pour rendre compte de ce mouvement.

D'après M. Forel, il faut invoquer une autre cause, à savoir la vitesse d'écoulement du fleuve solide, et les variations que cette vitesse éprouve en raison de l'épaisseur, lorsque à une période d'abondantes chutes de neiges succède une période relativement pauvre. Quand l'alimentation des champs de névé et par suite du glacier diminue, l'épaisseur de la tranche qui commence son mouvement de descente étant moindre, sa vitesse d'écoulement va diminuer elle-même; elle restera donc plus longtemps exposée à l'ablation, ce qui réduira encore son épaisseur et par suite sa vitesse. On conçoit donc que ces réactions successives et réciproques de l'épaisseur sur la vitesse et de la vitesse sur l'épaisseur finiront par produire sur la tranche en mouvement, quand elle arrivera au terme de son voyage, un déficit beaucoup plus fort que le déficit primitif, et le front du glacier reculera. Le mouvement de recul persistera tant que durera la cause qui lui a donné naissance, c'est-à-dire jusqu'à l'époque où les chutes de neige d'un hiver ou de plusieurs hivers consécutifs rendront aux champs de névé leur provision pour l'alimentation du glacier. S'ils reviennent à leur moyenne normale sans la dépasser, au recul pourra succéder un état stationnaire. Si, au contraire, ils reçoivent au delà, alors commencera une période de progression ou d'avance, dont l'explication se fera en renversant les termes de celle qui a servi pour rendre compte du mouvement de recul.

Entre l'époque où commence à agir la cause principale de ces mouvements, soit dans un sens, soit dans l'autre, et le moment où se produit l'effet final, un temps fort long peut s'écouler, puisque ce temps ne peut pas être inférieur à celui qui est nécessaire à la neige des champs de névé pour arriver jusqu'au front du glacier. Or on a vu plus haut que cette durée peut atteindre et dépasser un siècle. Dans certains glaciers, comme ceux du Faulhorn, cette durée est beaucoup moindre. Si l'on considère toute une région où les causes météorologiques ont agi simultanément dans le même sens, comme sont par exemple les Alpes suisses, une période de même durée de retraite ou d'avance en affectera tous les glaciers; mais pour les uns le phénomène commencera ou finira plus tard que pour d'autres.

Cette théorie, satisfaisante à certains égards, aura besoin d'être soumise au contrôle de faits plus nombreux. Mais, en l'admettant dès maintenant comme vraie, son auteur, M. Forel, estime qu'elle peut suffire à expliquer les époques glaciaires des derniers âges géologiques. Pour cela, il faut supposer une augmentation assez considérable de la quantité annuelle des neiges; il faut en outre que cette augmentation se soit prolongée pendant une période d'années d'une suffisante longueur. Il en serait résulté deux effets principaux : l'un direct, sur l'alimentation des glaciers; l'autre indirect, par l'abaissement de la limite des neiges persistantes. Les glaciers nourris par des névés plus épais seraient descendus plus bas dans les vallées, et, augmentant dans toutes leurs dimensions, tout un système de glaciers aujourd'hui distincts, désormais soudés ensemble, n'aurait formé qu'un seul glacier couvrant une immense contrée. Le refroidissement général résultant de cette extension des champs de névé et de celle des glaciers, abaissant la limite des neiges persistantes, aurait contribué en outre à la formation de glaciers nouveaux. La réaction de ces effets l'un sur l'autre paraît suffisante à M. Forel « pour expliquer les variations de l'époque glaciaire et la transformation de notre

pays en une espèce· de Groenland ». Si cette hypothèse ingénieuse est vraie, elle explique donc à la
fois les variations périodiques limitées des glaciers
actuels, et celles, beaucoup plus extraordinaires, des
périodes glaciaires des anciens âges. Mais il est non
moins évident que pour celles-ci elle ne fait que
reculer la difficulté. Ce dont il faut rendre compte en
effet, c'est d'un changement dans les conditions météorologiques capable de produire pendant une période, sinon illimitée, du moins très longue, une.
succession d'étés froids et humides, d'hivers doux et
humides, et par suite des chutes de neige abondantes
et· prolongées [1]. Une telle combinaison climatique,
selon M. Forel, amènerait ce résultat. Mais la cause
de cette révolution dans les conditions météorologiques
de la planète, voilà ce qu'il importerait de connaître
pour résoudre le problème posé par les géologues, et
c'est cette cause qui reste toujours dans l'ombre.

III

Conditions météorologiques nécessaires à l'extension des glaciers.

A l'époque actuelle, un certain nombre de massifs
montagneux, comme les Alpes, les Pyrénées, les

---

1. « Ayons pendant un siècle ou deux un état climatique
dont·la moyenne nous donne ce qui est aujourd'hui l'extrême
en fait d'humidité, et, sans autre cause, nous aurons une
nouvelle époque glaciaire. » Outre la difficulté d'expliquer une
telle persistance dans l'état hygrométrique des continents
actuels, ne résulte-t-il pas de là que, la cause disparaissant
au bout des deux siècles que.demande M. Forel, l'effet dispa-
raîtrait de même sous l'influence du retour des conditions
normales, après un nouvel intervalle d'un ou deux siècles. Il
reste à savoir si une durée relativement si courte est suffisante pour l'explication des phénomènes des périodes glaciaires.

Andes méridionales, les Alpes de la Nouvelle-Zélande, renferment des glaciers. Dans toutes les régions où l'altitude est suffisamment élevée, où les vents régnants amènent une quantité de vapeur d'eau assez grande pour produire d'abondantes chutes de neige, l'accumulation de ces masses peut donner lieu, par la pression, à une conversion continue de la neige en glace, puis au mouvement de progression qui constitue la marche des glaciers. Mais, sauf dans les contrées polaires, où les glaciers existent encore sur des étendues et dans des proportions considérables, au Groenland et au Spitzberg par exemple, les points du globe envahis aujourd'hui par les glaciers n'offrent qu'une surface restreinte, qui n'est qu'une fraction fort petite de l'aire occupée par les massifs de montagnes. En dépit de ses glaciers, l'époque actuelle, même reculée bien au delà des temps historiques, n'est cependant pas et ne doit pas être considérée comme une période glaciaire.

La première époque géologique à laquelle la science ait pu donner légitimement ce nom est comprise entre la fin de l'époque tertiaire et les commencements de l'époque quaternaire, ou plutôt au début même de celle-ci. Les glaciers avaient alors une extension considérable. Tous les massifs montagneux de l'Europe occidentale, Vosges et Jura, Morvan et Cévennes, Alpes et Pyrénées, étaient envahis; les glaciers des Alpes couvraient toute la Suisse et descendaient, par la vallée du Rhône, jusqu'à Lyon; les glaciers des Pyrénées s'étendaient dans les plaines jusqu'à la faible altitude de 200 mètres. « Pour achever de donner une idée, dit un des savants professeurs de la Faculté des sciences de Besançon, M. Vézian, de ce prodigieux développement des phénomènes glaciaires, ajoutons qu'une nappe de glaces et de neiges persistantes s'étendait, sans interruption

Fig. 71. — Le sol glacé du Groenland (l'Inlandsis).

aucune, depuis le mont Blanc jusqu'au pôle boréal. La calotte glacée qui entourait ce pôle atteignait les environs de Paris, et peu s'en fallait que notre hémisphère tout entier ne disparût sous un vaste linceul de neiges perpétuelles. »

Cette véritable période glaciaire, dont la durée se compterait, suivant Lyell, non par des dizaines, mais par des centaines de milliers d'années, a été suivie d'une époque où les glaciers, par suite de l'élévation de la température, disparurent progressivement et partiellement; puis survint, mais dans des proportions moindres, un nouveau développement des mêmes phénomènes, de sorte que l'on peut compter deux périodes glaciaires dans l'âge géologique dont il est ici question, c'est-à-dire pendant l'époque quaternaire.

Ce sont les seules dont faisaient mention, il y a peu de temps encore, les traités de géologie; mais aujourd'hui, et ce point est d'une grande importance pour la question qui nous occupe, il est généralement reconnu que des périodes glaciaires ont existé dans les âges antérieurs. M. Vézian en a accumulé les preuves dans une leçon sur la période glaciaire falunienne, et Lyell, dans ses *Principes de géologie*, a noté toutes les traces que les recherches de Ramsay et d'autres géologues ont recueillies et qui dénotent, avec une évidence plus ou moins grande, l'action glaciaire dans les temps tertiaires et secondaires, dans le miocène supérieur, dans l'éocène, le terrain houiller, le dévonien. Toutefois, quand on arrive aux couches les plus anciennes des terrains paléozoïques, les traces de cette action s'effacent de plus en plus, les caractères qui permettent de reconnaître l'existence des périodes glaciaires, blocs erratiques et cailloux striés, roches polies et rayées par le transport des masses de glaces, alluvions glaciaires, ont peu à peu disparu ; de sorte qu'on ne peut dire si l'absence de ces traces dans les terrains silurien, cambrien et laurentien prouve que les âges géologiques correspondants n'ont pas été témoins de périodes glaciaires, ou si, dans le cas de l'affirmative, il n'y a pas eu simplement disparition et finalement destruction des signes, relativement peu durables, par lesquels se manifeste l'action des glaciers. Il suffit, du reste, pour l'étude de la question, de savoir qu'il a existé, dans le cours des âges géologiques, non une période glaciaire unique, mais une série plus ou moins nombreuse de périodes semblables que nous ne pouvons mieux définir que ne l'a fait M. Vézian, en ces termes : « Par *période glaciaire* il faut entendre une époque pendant laquelle la température a éprouvé momentanément un abaissement suffisant soit pour amener l'apparition des glaciers, s'ils n'existaient pas lors de l'époque antérieure, soit pour leur donner, s'ils existaient déjà, une expansion plus grande ».

Ces préliminaires posés, nous arrivons à la question des causes astronomiques auxquelles on doit attribuer les apparitions successives des périodes glaciaires.

De quelles circonstances météorologiques ou physiques dépend la formation d'un glacier ?

Tout le monde le sait. Il faut que, pendant la durée des saisons hivernales principalement, il y ait, dans la région montagneuse où cette formation se produit, une chute abondante de neige ; il faut que les neiges s'y accumulent en masses assez grandes pour résister aux effets réunis de l'évaporation et de la fusion que détermine, pendant les saisons estivales, le rayonnement solaire. Une altitude élevée, si la région considérée est dans les zones tempérées, ou, à défaut de l'altitude, un climat arctique ou polaire dans les

hautes latitudes, est donc une des conditions indispensables aux phénomènes des glaciers. En un mot,
le froid, un froid intense, est nécessaire; mais la chaleur, ainsi que Tyndall et d'autres physiciens l'ont
fait remarquer avec raison, ne l'est pas moins; car
l'abondance des neiges implique une abondante formation préalable de vapeur d'eau dans l'atmosphère,
et la vaporisation dont il s'agit ne peut être due qu'à
l'action d'une température élevée, tant à la surface
de la mer que dans les couches atmosphériques surplombantes. La vapeur ainsi formée, transportée par
le jeu des courants aériens, soit au sommet des montagnes, soit dans les régions polaires, y subit une
condensation et un refroidissement suffisants pour la
transformer en neige. Sans la chaleur dont nous parlons, quelle qu'en soit d'ailleurs l'origine, l'évaporation manquant, il n'y aurait pas de neige et, par suite,
point de glaciers; sans le transport des masses de
vapeur et la basse température qui non seulement la
condense, mais la gèle, il pourrait y avoir des pluies
diluviennes, il n'y aurait pas de neige et, par suite,
point de glaciers.

Voilà donc, en deux mots, quelles sont les conditions physiques du phénomène général, abstraction
faite de tous les détails secondaires. Ces deux conditions existent aujourd'hui, ont existé pendant toute
la durée de l'époque actuelle et probablement aussi,
sur une échelle plus ou moins forte, pendant toute la
durée des époques géologiques. Pour qu'elles déterminent une période glaciaire, dans le sens où l'entendent les géologues, et selon la définition donnée plus
haut, il faut donc qu'à certains âges l'une ou l'autre
de ces conditions, ou toutes deux, aient subi, dans
l'intensité de leur manifestation, des alternatives mar-
quées d'affaissement ou d'exaltation. Il faut que le
refroidissement ait été assez considérable pendant une

période suffisamment longue pour que des régions auparavant indemnes aient été envahies par les neiges et se soient couvertes de glaciers. Mais il n'est pas permis de séparer ce refroidissement d'une action calorifique d'une suffisante énergie, ainsi que l'a fait observer Tyndall.

Examinons donc, parmi les causes possibles de refroidissement du globe terrestre, quelles sont celles qui peuvent être invoquées pour l'explication des phénomènes glaciaires.

IV

Des causes astronomiques des périodes glaciaires.

La Terre reçoit, à sa surface, de la chaleur de trois sources principales. La première est celle qui lui est propre, qu'elle possède à l'intérieur de sa masse, et qui est une chaleur d'origine. La seconde source lui vient de la radiation directe du Soleil et se répartit, comme on sait, très inégalement sur l'un ou l'autre de ses hémisphères, selon que varient les saisons pour un même lieu ou la latitude pour deux lieux différents. Une troisième source de chaleur est celle qui provient des radiations de tous les autres astres; c'est celle qui constitue ce qu'on nomme la température de l'espace, température que marquerait un thermomètre dans le lieu qu'occupe notre globe à chaque instant, si sa chaleur interne et la radiation solaire pouvaient être anéanties. Les physiciens ne s'accordent pas sur le degré d'élévation de cette température, mais elle est, en tout cas, loin d'être négligeable, et bien probablement elle atteint une fraction importante de la température que détermine dans l'espace le rayonnement du Soleil même. Il n'en est pas de même de la chaleur intérieure, qui, depuis les âges géologiques, n'a qu'une influence très faible sur la température de la surface du globe; d'après les recherches de Fourier, elle ne peut actuellement contribuer que pour une fraction de degré insignifiante (1/30) à élever cette température. Il suffit donc d'examiner quelles variations peuvent affecter les deux autres sources, toutes deux astronomiques. Mais nous verrons bientôt que les phénomènes glaciaires pourraient s'expliquer aussi par un refroidissement local dû à des causes physiques ou terrestres.

Procédons avec ordre et énumérons d'abord les diverses variations, d'origine astronomique, qui sont susceptibles de donner lieu à un refroidissement local ou général à la surface de la planète.

La courbe que décrit la Terre autour du Soleil n'est pas circulaire : c'est une ellipse dont le foyer est occupé par le Soleil. Les distances de cet astre varient donc constamment, et par suite aussi l'intensité de la chaleur que la Terre en reçoit à chaque instant. De plus, l'axe de rotation terrestre, ou, ce qui revient au même, le plan de l'équateur est incliné sur le plan de l'orbite, d'un certain angle qu'on nomme l'*obliquité de l'écliptique*. De ces deux faits résultent toutes les variations de température qui se succèdent dans le cycle de l'année tropique, et qui forment les saisons des deux hémisphères. Deux lignes, celles des équinoxes et des solstices, déterminent, en vertu de la vitesse variable de la planète, la durée qu'elle met à parcourir chacun des quatre arcs inégaux ainsi formés. Une autre ligne importante à considérer, c'est celle de la direction du grand axe, ce qu'on nomme la *ligne des apsides*; c'est à l'une ou à l'autre de ses extrémités que la Terre se trouve à sa plus petite distance du Soleil, ou au périhélie, et à sa plus grande distance, ou à l'aphélie. Si la ligne des équinoxes et celle des aspides conservaient toujours, dans la suite des temps, une position relative invariable, aucun changement, aucune variation ne pourraient se manifester, de ce chef, dans l'ordre ni dans la durée des saisons, qui resteraient inégales, il est vrai, mais constantes dans chaque hémisphère. Mais on a vu que deux phénomènes astronomiques concourent à modifier incessamment cette situation relative. Le premier est la précession des équinoxes. Un autre mouvement, inverse du précédent, change au contraire la direction de la ligne des apsides : c'est le mouvement du périhélie. Par la combinaison de ces deux mouvements, les équinoxes et les solstices et toutes les positions intermédiaires changent constamment sur l'orbite elliptique de notre planète, et dès lors l'origine des saisons, leurs durées relatives varient dans le cours des âges, de manière à accomplir un cycle entier dans une période qu'on peut évaluer, en nombre rond, à 21 000 années.

Ces variations ne sont pas les seules. L'obliquité de l'écliptique, non plus, ne reste pas constante : elle diminue de 0",5 environ tous les siècles, c'est-à-dire que l'axe du globe se redresse d'autant, tous les cent ans, sur le plan de l'orbite. On n'a pu encore déterminer avec exactitude les limites de cette lente variation, qui, si elle devait être indéfinie, amènerait à la longue la perpendicularité de l'axe, l'égalité des jours et des nuits pendant toute l'année et une égale répartition de la lumière et de la chaleur dans les deux hémisphères, état que l'on a caractérisé assez improprement en le nommant un printemps perpétuel. Mais si la théorie n'a pu déterminer encore les limites dans lesquelles varie l'obliquité de l'écliptique, elle sait cependant que ces limites existent, et qu'après avoir diminué jusqu'à s'abaisser, selon Laplace, d'environ 1°,20', l'obliquité deviendra stationnaire, puis reprendra une marche croissante.

Enfin, une dernière variation séculaire modifie l'orbite de la Terre : c'est celle de l'élément qu'on nomme l'excentricité. A combien monte cette varia- tion séculaire? Biot évaluait à 1400 lieues par siècle, à 14 lieues environ par année, le taux de cette dimi- nution; chaque année la Terre se rapproche de 14 lieues du Soleil à l'aphélie, et s'en éloigne d'au- tant au périhélie, le grand axe de l'orbite, et par con- séquent la moyenne distance du Soleil à la Terre, demeurant invariable. Il y a 200 000 ans environ que l'excentricité aurait atteint son dernier maximum.

On a invoqué, pour l'explication des périodes gla- ciaires, d'autres phénomènes astronomiques indé- pendants du mouvement de notre planète, mais qui peuvent néanmoins modifier son état thermique. On sait que l'activité de la radiation solaire est sujette à des oscillations; les périodes connues sont, il est vrai, si courtes, qu'évidemment elles n'ont et ne peu- vent avoir aucun rapport avec les périodes gla- ciaires; mais il faut dire que quelques astronomes sont enclins à penser que cette activité a pu subir des crises plus ou moins analogues à celles qui ont eu leur siège dans les étoiles temporaires, dans les étoiles variables à longues périodes. Notons seule- ment pour mémoire le passage de longues traînées nébuleuses ou météoriques qui, s'interposant pen- dant des années, des siècles même entre le Soleil et la Terre, auraient pu être la cause de refroidisse- ments de plus ou moins longue durée.

On a invoqué aussi les changements pouvant pro- venir du mouvement de translation qui entraîne dans l'espace, dans la direction de la constellation d'Her- cule, le système solaire tout entier et, avec lui, notre Terre. En admettant que la température de l'espace

varie selon les régions parcourues, on peut concevoir
que notre globe ait passé à diverses reprises par certaines régions qui ont déterminé à sa surface des
refroidissements plus ou moins grands, susceptibles
d'expliquer l'apparition des périodes glaciaires. Enfin

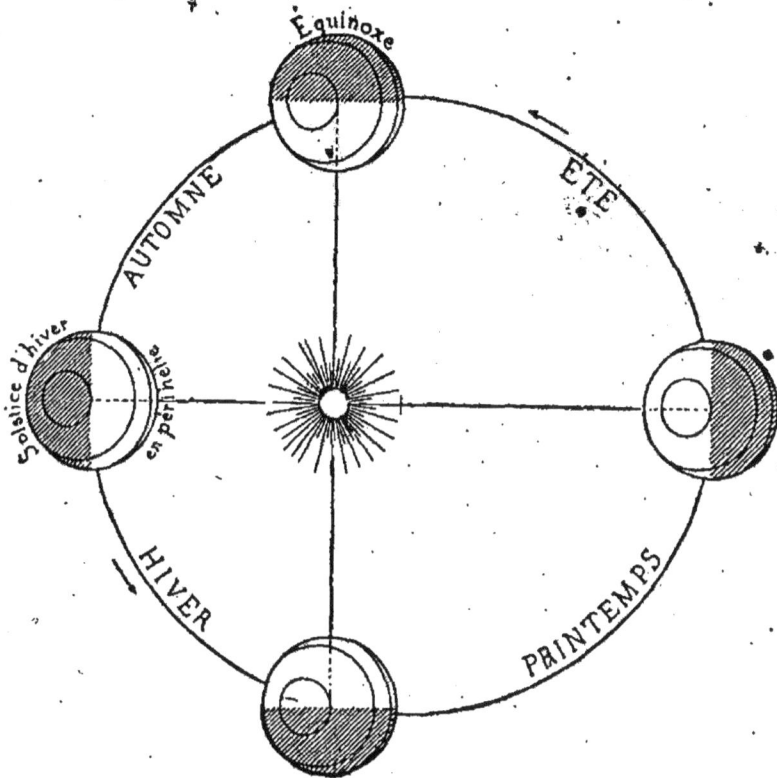

Fig. 72. — Coïncidence du solstice d'hiver boréal avec le périhélie.

il faut mentionner aussi une dernière hypothèse, qui
n'est plus astronomique, mais qui est du domaine de
la physique terrestre ou de la géologie. C'est celle à
laquelle Lyell paraît attacher la plus grande importance dans la production des phénomènes glaciaires.
Nous voulons parler des mouvements qui se produisent incessamment dans la croûte solide du globe,
dans le relief, la distribution et l'altitude des masses

continentales, dans les soulèvements ou affaissements
alternatifs du sol et du fond des mers.

Notre énumération terminée, voyons maintenant
quelle influence on peut attribuer à la précession des
équinoxes, au mouvement du périhélie et à la variation d'excentricité. Actuellement le solstice d'hiver
de l'hémisphère boréal est à près de 10° du périhélie;
vers l'an 1250, ces deux points coïncidaient et la
ligne des solstices ne faisait (fig. 72) qu'une même
ligne avec celle des apsides. Il résulte de là, comme
on sait, une différence notable dans la durée des saisons sur chaque hémisphère, mais surtout dans les
conditions thermiques des saisons opposées comparées d'un hémisphère à l'autre. Les saisons hivernales, sur l'hémisphère nord, sont les plus courtes
et, de plus, correspondent aux moindres distances
du Soleil à la Terre. Les saisons estivales sont les
plus longues et comprennent les plus grandes distances. De là une sorte de compensation qui rend
moins inégales les moyennes températures de ces
saisons. Le contraire arrive nécessairement dans
l'hémisphère austral, qui, pour des raisons précisément inverses, a des étés plus courts et plus chauds,
des hivers plus longs et plus froids, et, en somme,
des conditions plus favorables à la production des
phénomènes glaciaires.

Par le fait de la précession des équinoxes et du
mouvement inverse du périhélie, des conditions opposées auront lieu à un intervalle d'environ 10 500 ans,
c'est-à-dire en l'an 11 750. Deux périodes intermédiaires sont celles qui correspondent à la coïncidence
de la ligne des équinoxes avec la ligne des apsides.
Ainsi, 3985 ans avant notre ère, le périhélie et l'équinoxe de l'automne boréal (fig. 73) étaient un même
point, et il en sera ainsi dans 46 siècles, vers l'an
6480, où ce sera le tour de l'équinoxe du printemps

boréal de tomber le jour du passage de la Terre au
périhélie, à sa plus petite distance du Soleil. Ces
changements incontestables, qui font alterner tous
les 10 500 ans des périodes de refroidissement et
d'élévation de température d'un hémisphère à l'autre,

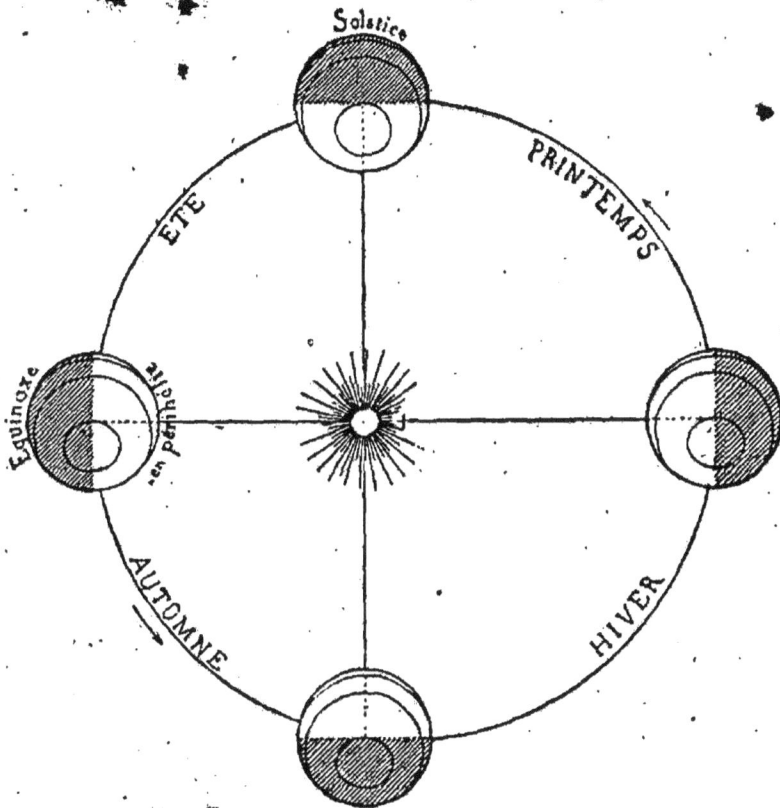

Fig. 73. — Coïncidence des équinoxes avec le périhélie et l'aphélie.

sont-ils la cause des phénomènes glaciaires? Cette
opinion a été soutenue, notamment par M. Adhémar
dans ses *Révolutions de la mer*, qui expliquait ainsi
à la fois les périodes glaciaires et les phénomènes
diluviens. Mais on a objecté avec raison qu'une différence de huit jours entre les durées des saisons
hivernales réunies et celles des saisons estivales est

17 *

bien faible pour rendre compte de phénomènes aussi importants que ceux des grandes périodes glaciaires. Notre hémisphère austral devrait d'ailleurs se trouver aujourd'hui dans des conditions pareilles, ce que l'observation est loin de donner. Enfin la période de 10 500 ans paraît trop courte aux géologues en présence de la durée probable des périodes glaciaires et des périodes interglaciaires. Au reste, il est impossible de séparer des phénomènes qui se développent simultanément, des causes de variation qui peuvent tantôt concourir, tantôt agir en sens opposé, mais qui, dans la nature, sont nécessairement mêlées.

Les variations de l'excentricité sont plus importantes que celles dont il vient d'être question. En calculant les effets de ces variations sur les inégalités de durée des saisons terrestres, MM. Stone et Croll ont fait voir qu'ils dépassaient de beaucoup ceux qui proviennent de l'excentricité actuelle. Ainsi, 100 000 ans avant l'année 1800, l'excentricité de l'orbite était près du triple de l'excentricité actuelle; il en résultait une différence de vingt-trois jours d'excès de l'hiver arrivant en aphélie sur l'été tombant au périhélie (fig. 74); cette différence atteignait vingt-huit jours à une époque deux fois plus reculée, et, en remontant jusqu'à 850 000 ans avant le même point de départ, on tombe même sur une différence de trente-six jours.

On peut admettre qu'un excès de durée aussi grand de l'hiver sur l'été peut donner lieu à un refroidissement intense, capable de déterminer une grande extension des phénomènes glaciaires; d'autant que le long et froid hiver de l'époque considérée succédait à un été court, mais très chaud, et qu'ainsi les phénomènes d'évaporation augmentaient d'intensité en même temps que ceux de condensation. L'hy-

pothèse de Croll — du nom du savant qui l'a le premier exposée — consiste donc à expliquer l'apparition
des périodes glaciaires par l'effet simultané des
variations de l'excentricité terrestre et des mouvements combinés de la précession et du périhélie, aux époques où cette excentricité atteint son

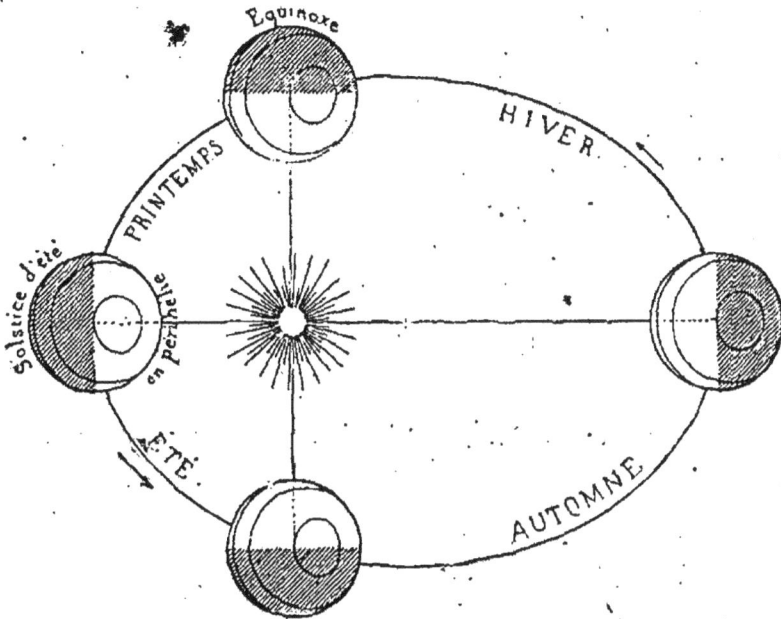

Fig. 74. — Coïncidence des solstices de l'hiver et de l'été boréaux avec
l'aphélie et le périhélie et un maximum d'excentricité.

maximum. On fait à cette hypothèse une objection
que les géologues sont seuls compétents à admettre
ou à rejeter, à savoir que la période de 10500 ans est
trop courte; en la considérant même comme une
subdivision d'une période plus considérable embras-
sant autant de fois 10500 ans que le comporte l'existence d'une forte excentricité, on n'obtient encore
qu'une durée insuffisante.

Nous ne voulons pas discuter ici les raisons qui
militent pour ou contre les diverses hypothèses pro-
posées, notre but ayant été seulement de faire voir

quelle est l'importance des perturbations séculaires
subies par notre planète, du fait de la gravitation
universelle, pour les questions relatives à l'histoire de son passé, et par là même à son histoire
future.

FIN

TABLE DES FIGURES

TABLE DES MATIÈRES

DEUXIÈME PARTIE

Les glaciers.

Coulommiers. — Imp. P. BRODARD.

www.ingramcontent.com/pod-product-compliance
Lightning Source LLC
Chambersburg PA
CBHW070249200326
41518CB00010B/1747